生活需要淡定感

[英]威廉姆·布鲁姆 著　淡淡 译
（William Bloom）

湖南人民出版社

图书在版编目（CIP）数据

生活需要淡定感 /（英）威廉姆·布鲁姆（William Bloom）著；淡淡译.

—长沙：湖南人民出版社，2019.6（2019.9）

ISBN 978-7-5561-2232-5

I. ①生… Ⅱ. ①威… ②淡… Ⅲ. ①人生哲学—通俗读物

Ⅳ. ①B821—49

中国版本图书馆CIP数据核字（2019）第103019号

PSYCHIC PROTECTION: CREATING POSITIVE ENERGIES FOR PEOPLE AND PLACES

by

WILLIAM BLOOM

Copyright: © 1996 BY WILLIAM BLOOM

This edition arranged with LITTLE, BROWN BOOK GROUP LIMITED

through Big Apple Agency, Inc., Labuan, Malaysia.

Simplified Chinese edition copyright:

2019 Changsha XiaohouKuaipao Culture Communication Co., Ltd.

All rights reserved.

SHENGHUO XUYAO DANDING GAN

生活需要淡定感

著　　者	[英]威廉姆·布鲁姆
译　　者	淡　淡
出版统筹	张宇霖
监　　制	陈　实
产品经理	傅钦伟
责任编辑	田　野
责任校对	李　茜
封面设计	阿鬼设计

出版发行	湖南人民出版社有限责任公司 [http://www.hnppp.com]
地　　址	长沙市营盘东路3号，410005

印　　刷	湖南天闻新华印务有限公司
版　　次	2019年6月第1版
	2019年9月第2次印刷
开　　本	880 mm × 1230mm　　1/32
印　　张	7.625
字　　数	140千字
书　　号	ISBN 978-7-5561-2232-5
定　　价	42.00元

营销电话：0731-82683348（如发现印装质量问题请与出版社调换）

心理测试

○你是否很容易被激怒？

○你是否对紧张的生活节奏厌恶至极？

○你是否总是在别人的咆哮中手足无措？

○你是否总是因为周遭环境的纷扰而抓狂？

○你是否在独处的时候总是感到莫名的恐惧？

○你是否在与人相处时，常有心力交瘁的感觉？

○你是否总觉得在社交场合嗅到不友好的气息？

○你是否在第一次见到某人时，就觉得和他气场不合？

○你是否会在周围有人吵架时，变得紧张、烦躁？

○你是否在很多人面前发言的时候感到紧张？

○你是否在住进一套旧房子时，会对里面的气息相当敏感？

○你是否遇到个性激烈的人时，无法保持原有的自信态度？

●如果你的答案有三个以上都是"是"，你可能是一个对外部环境敏感的人。

●请翻开这本书，让淡定感帮助你建立起强大的内心。

引 子

"我的一位朋友总是让我筋疲力尽，每次遇到她，我就想跑。"

"我要搬新家了，但是我在内心排斥上一任房主留下的往日气息。"

"参加项目会谈时，现场气氛让我怯懦，使我变得呆头呆脑。"

"他是我的一个客户，与他谈话后，我竟然感觉我沾染了他的一些气息。"

"有个人讨厌我，这种想法一直牢固地存在于我的脑子里。"

"我从乡下刚来到城里时，被打击得无所适从。"

"上下班高峰期时的地铁环境总让我身心交瘁。"

这些普遍存在的问题，起源于每个人对能量和气息的敏感。每个人对环境、物体和人所拥有的气场或多或少有所觉察。走进一座教堂或图书馆，我们会感受到它的宁静。我们会因觉得某些房子舒服而喜欢它，也会因觉得某些房子不舒服而排斥它。即便是很自负的人，参加聚会或去酒吧时，他也能快速感知到周遭氛围是饱含敌意还是亲切友善。人们能感受到不同的氛围所传达的情感差异。环境能在潜移默化中极大地影响人的感觉和行为。写本书的目的，就是帮助你从那些肉眼不可见的影响当中解放出来，让你生活得更淡定、更有创造力。

设想，我们周围弥漫着各种"振动波"。我们需要理解和处理好这些振动波，保护自己并改变不利于自己的振动波，才能获得理想、健康的生活。长期以来，心理学上有一个共识，那就是人的身体和心灵都需要安全感的支撑，如果没有这种安全感，我们很难真正过上优雅愉快的生活，也很难真正发挥出创造力和潜力。正因如此，所有人都渴望获得心理上的安全感，以避免我们在陌生、困难、消极的气场中感到易受伤害和情绪失控。我们需要自信和力量。

如果你是一个对周围环境比较敏感、富有想象力的人，那么这是一本非常合适你的书。无论你是全职父母、商业精英、教师、护理员、水管工、IT从业者或是园艺工作者，你都要与他人和环境打交道——有时你需要一些实用性技巧来创造性地改变周围环境。如果你无法做到，特定的人、情况或者地点就会影响你，让你无法发挥出最佳水平。有关气场的概念是通用的，对你、你的家庭、你的同事、你的朋友都非常实用。如果你懂得如何创造出一个完美的气场，就能帮助你身边的人都达到一个最佳状态。

长久以来，很多地方都存在一些神秘的职业，比如萨满、巫医、牧师、女祭司、驱魔者等，他们懂得如何改变气场，让信徒获得心灵慰藉。但按我的经验来说，这种改变气场和能量的工作，其实很简单，并不需要懂得那些神秘的巫术咒语，没有特殊技能的普通人也能做到。

本书中，我会分享一些能够改变气场的易学易用的方法。即使你是一个完全不了解气场概念的新手，也能够轻松学会，不需要付出大量的时间或精力。一旦你理解了，就会觉得和学习骑自行车、游泳或阅读一样简单。

你还会发现这些方法能够运用于各种环境——尤其是那些富有挑战性的环境：比如会见陌生人和重要人物，在邮局焦躁地排队，堵车，喧闹的酒吧，午夜的大街，和愤怒的人在一起……你每天在日常生活中要面对各种情绪难关。

以下是我将在书中教授并逐一诠释的主要技巧：
●在让人不快或怯懦的场合，如何保持自我的内心世界；
●如何在性格强势的人面前保护自我，如何应对那些试图改变你想法的人；
●如何维护自己的能量场不被外界侵扰；
●如何净化你的家庭和职场空间；
●如何在会见陌生人时或者在不友好的氛围下缓和气氛；

●如何向身边的事物及环境释放善意和爱的气息；

●如何构建积极有益的生活态度和生活方式。

无论你生活在何种背景下，我希望你读完这本书之后，能够拥抱自信，同时将这些技巧运用到实际生活当中去。

举个简单的例子：你收到一件喜欢的衣服，可是它在某地放过或被某人穿过，沾染上你不喜欢的一种气味，你会怎么处理？

答案很简单：用力抖动它或扔在地上、跳上去踩它，这个过程会让它甩掉过去的气味而变得中性，或者把它好好洗干净、晾干。

从心理学角度来看，这能让你感受到一种改变气场的方法，即斩断衣服与过去的联系；从科学的角度来看，通过抖动，衣服的原子结构确实被改变了，释放出了它的内部气息。

再举一个简单的例子：当你开完一个会议，你或许会发现浑身上下都沾染了他人的气息。这时该怎么办？你要做的就是把你的身体和衣服长时间地好好抖一番，就能把那些气息排除干净。在第三章中我会进一步讲到这一点。

作者自序

我从事气场相关工作已经驾轻就熟，因为我已经干了 30 年，并且授课 20 年。

和许多人一样，我从婴儿时期起，就对周围的气息特别敏感，这也是我为何会涉足这一领域的主要原因。记得当我进入托儿所时，就对那条幽深的小巷感到恐惧；在公园玩时，我也会避开某些场地和树林。最尴尬的是，我记得我还很怕我们住的公寓里长长的黑暗走廊，为了避免穿过它去上厕所，我只好躲在卧室的窗帘后拉尿。奇怪的是，家里的人都没注意到这点，如果有人注意到的话，或许他们也以为这是猫干的。

不过，我现在已经克服了这种特殊的恐惧心理，你们可以放心地邀请我去你家做客了。我也不会再为了逃避那些四处摸索的怪兽而从远处直接跳到床上，但我依然会被气场所困扰。

我所在家庭的生活方式和思维模式让我相信，我的敏感只不过是想象力过度活跃所导致的，所以，大多数时候，我对敏感和焦虑保持沉默。如果我真的表现出对某个事物或场合的焦虑，别人要么会嘲笑我"不是男子汉"，要么会给我一个真诚的拥抱，说道："别担心，那里什么都没有。"但讽刺的是，那里确实是有一些东西的。

　　曾经，我经常可以感受到一些令人讨厌的不愉快的气息，但我的妈妈就像其他的妈妈一样，安慰我，告诉我那里什么都没有。正是这种真诚的关怀和真挚的坦诚，让我和像我一样的人为自己的疑神疑鬼感到困惑，甚至羞愧。所以，我不喜欢在有怀疑气场概念的人面前公开谈论这些，那样会使我很尴尬。

　　所以，我认为家长们应该正视孩子的敏感。当孩子焦虑时，当然要给予安慰，但不是简单地说一些"那里什么都没有"之类的话，而是应该说："好吧，我们一起来看看，它到底在哪里呢？你真的能够感受到它吗？告诉我，或许我们可以做点什么。"

　　在我逐渐长大成人的过程当中，我还是能感受到周围存在的振动波。虽然我对周围的振动波很敏感，但这并没有让我多愁善感或者变得有诗意，相反，我其实是个比较鲁莽的人，抽烟、喝酒、骑重型摩托车。可是，我对周围人的洞察却是清晰有力的，即使他们极力掩饰，我依然能够快速分辨出他们的情绪。对我来说，通过对气息变化的了解，总是能看到房间和风景的迷人之处。

大约在 22 岁的时候，我开始学习冥想——把自己当作一台满负荷运转的工作机器，然后我发现我的敏感度增强了。当我排除杂念静坐之时，我能清晰感受到这种敏感度在增长，随着情绪和思想的放松，"干扰"变少了，"噪声"降低了，我的身心变得更加放松。我感受到灵魂在躯体中运转，与周围的能量场发生亲密的联系。同样重要的是，通过每天静坐，我敏锐地感受到那些由我创造出来的气息，我发现，这些气息由我的情绪决定。这使我有了惊人的发现：当我故意改变情绪时，周围人和环境的气场也随之发生明显改变。

意识到这点后，我承认我玩过几次恶作剧。有一天深夜，我给朋友们讲鬼故事，我让自己陷入恐惧的情绪，然后我的朋友们也受到我的影响而吓坏了。我也试着营造过善意的气场。后来，我也越来越意识到，无论好的还是坏的，这种气场的力量都是十分强大的。那些能够驾驭能量的邪恶人士，能够通过调整振动波来给别人施加负面影响——我相信大多数人都遇到过这种人。

与此同时，我开始阅读各种关于玄学、精神心理学和神秘学的书籍。这些书讨论了人类如何影响并操纵能量和气场。没过多久，我就认定能量工作很重要，并对能量工作有了清晰的心理认知。因为能量当中蕴藏着爱的力量，我决定倾情地投身其中。实际上，从 25 岁开始，我就在摩洛哥南部山区进行了两年的修炼，以便更深入地了解此领域的工作，并学会运用具有实操性的办法来改变能量和气场。

那两年的静修是一段紧张但收获颇丰的日子。当我回到伦敦时，便开始用那些能够改变气场的新意识和新技巧来改变那些恐惧和烦恼的气息。我遇到的大多数人都为能量问题所困扰，如果他们能掌握一些基本技巧，就能够自己处理这些问题（最常见的两个问题：一是人们对住所的气息感到不舒服；二是人们容易被他人的情绪和意识所左右，从而感到恐惧）。最初让我感兴趣的是，帮助人们学会这些基本的能量掌控技能，让他们在面对生活时变得更加自信、更有创造力。但实际的教学开展却纯属偶然。一开始，我遇到了一些被住所和工作场所的气场所困扰的人，我就和他们进行交谈，分享我对他们应该如何处理这种情况的看法，他们通常也会对我的特长很感兴趣，也很感激我的帮助。后来，他们的朋友也找到了我，请我来解决类似的问题。这样的事情发生过很多次。

后来，我又拜访了位于苏格兰的一个名叫芬德霍恩基金会的精神协会，协会里很多成员对我的观点很感兴趣，邀请我给他们讲授关于能量及气场的课程。通过口耳相传，我在此领域里获得了很好的声誉，为了避免一一解答问题所带来的时间及精力消耗，我开始了正式授课。来找我解答疑惑的人来自不同的阶层：从富有的贵族到身无分文的嬉皮士，从医生、护士到工程师、建筑师，偶尔还有牧师、修女、水管工、秘书、社会工作者、计算机工程师、治疗师、全职父母及退休人员。在过去的 25 年里，我的授课足迹遍布全球，涵盖了医疗、管理培训和行政服务等各个领域。

物体及其存在的能量场

让我特别感动的是这些听众的反馈。许多人告诉我，他们终于在家里和办公室里都感到舒适了，他们现在也有了足够的信心来应对以前令人担忧的人际关系和工作情况。令我最感欣慰的是，此前有一些听众，他们的大半生都在焦虑担忧中度过，听完我的课之后，他们的生活开始变得放松惬意。作为心理学博士，我曾与很多心理专家共事，我很清楚不安、恐惧和焦虑是如何成为心理现实的。同时，作为一个能量工作者，对于无形之中变化着的气息和振动波，我也能够敏锐觉察。通常，我也知道这些问题不仅与心理，更与气场能量相关。因此，获得心理安全感的技巧、构建正能量的策略，能够让我们更轻松地保持内心的平静，并使我们充满力量。这对所有人来说都是一个好消息。

目录

第三章

047 **如何实现心灵的自我保护**

睡觉、休息和放松是心灵防护的第一步

第一章

你的焦虑源自哪里

能量守恒定律是世间万物都遵循的基本法则

1 气场能否真的被改变?

如果要了解气场和振动波,我们先要拓展以往对生活的认知方式。

一切能够被视觉和触觉所感知的以物质形式存在的东西,都有一个我们看不见的微观能量体。现代物理学清晰地表明:每一个原子都由活跃的能量组成。人类也已经掌握了拍摄原子能量运动的拍摄方法,比如:克里安摄影术(Kirlianphotography,又叫基尔里安摄影术、体光摄影术)。

这些能量场可以容纳并散发特定的气息;从平静到愤怒、从欢乐到悲伤、从焦虑到自信等。这些不同的气息并不固定在某一场所,比如房间壁缝里,气息会随空气流散,扩散到不同的环境中。当某人勃然大怒时,与愤怒相关的能量和气息就会从暴怒者身上逸出,周围的人会感受到。大家都有过这样的体验,有时会突然感到身边的亲戚朋友存在某种情绪。同样,不少人都能感觉到别人对自己的想念。恋爱时,情侣即使并不在一起,他们依然感觉彼此的爱意紧紧相连。你还能感觉到敌人对你的极端意图。

　　很显然，能量守恒定律是世间万物都遵循的基本法则。比如：人们生气或高兴时，能量会转化为情绪，但能量本身依然存在，就好像你虽然坐在那里不动，但生气或高兴的情绪仍然在运动，这种情绪可以运动到你的胃部，因此，快乐有助消化，而悲伤可以导致便秘。这种情绪当然也会释放到空气当中（如下图）。

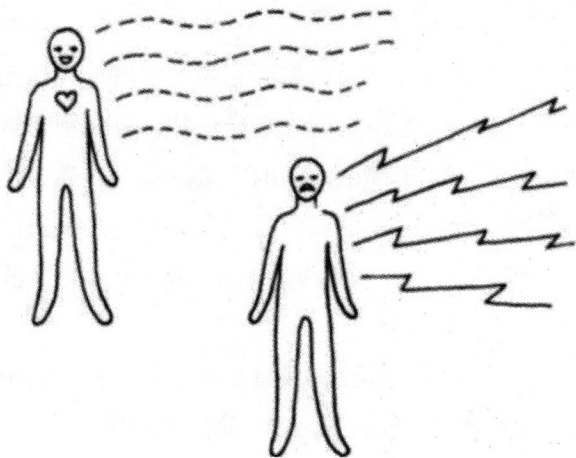

人们散发的情绪

　　总之，能量始终守恒，无论怎样，能量都将以某种形态继续存在。谁先感受到这种能量，这种能量就以振动波的形式弥漫在谁的周围，形成强大的能量源，从而让这个人的居所、办公场所都成为能量吸收场域，或者释放到另外一个人身边形成新的振动波；如果此人拥有一股反向能量源，两股能量源在相遇中亦可抵消、中和。这个问题在本书中我会详细分析。

2 　如何辨别内心的感知？

当你开始做能量相关工作时，会有一个大问题：你难以确定是真的精准地感知到了能量实体，还是仅仅存在于想象当中。在你试图感知时，振动波是否真实存在会在你的内心产生困扰。其实这个问题就像现实生活中的人各有一面，有人看见画面和影像，有人听见声音或闻到气味，那么也有人谈论着直觉和直观感受。

实际上，大多数时候，我们是凭感觉和知觉来洞察气息和振动波的。我并非指情感上的感觉，而更多的是指身体上的感觉。气息和振动波的变化就像温度、湿度的变化那样，或者也可以形容为微风拂面。

对气息的体验并非出于想象，实际上，整个身体都能对气息有所感知，有时你会感觉清楚异常，甚至令人震撼，有时则稍纵即逝。

人的能量场不仅与身体相互融合，也会超出身体之外。

每个人都有带磁性的能量场，有时甚至能扩散至身体之外几英尺。这个能量场由我们的物理辐射和气息构成，包括我们感情和思想的辐射，也包括我们宇宙意识的光芒，这个能量场有时被称作"气场"。

有些读者对"气场"这个概念或许并不了解，毕竟西方的生物学和医学里都没提到过。但是在中国和印度的传统医学中，"气场"是一个基本概念。通过现代科学，我们知道物质由能量组成，也是人体生物能结构的重要组成部分，所以这个概念也就显得并不陌生了。了解气场的重要性在于，它能够让我们获得积极向上的精神能量。

气场是一个磁性能量场域，就像遍布人体的神经元，在身体的经络里流动播散。我们虽然无法看见它，却能感觉到它。我们之所以能感知到气场和振动波，是因为我们的神经系统对于气场有预见性和敏感性，能够产生融合与共鸣。因此，如果振动波在气场中流转，神经系统就会产生感应，我们就能感知。

气场与其他能量场之间会相遇，当这种相遇发生时，在激荡碰撞之下便会产生振动波，这种波动好比我们投石入水所产生的涟漪。振动波产生之后，会透过皮肤附着在神经系统之上，大脑中的神经元就通过神经系统感知到它，然后在大脑中进行反馈、解读。比如，当你看到一只狂躁的狗向你吼叫时，你的能量场和它的能量场就会遭遇，从而产生振动波。这股振动波会穿过你的能量场，沿着脊椎传递至神经系统，你会真切地感受到惊吓，而在大脑当中反馈出来的情绪就是——恐惧。这是一个很不可思议的过程！

当你遇到善意的人和环境时也会同样如此。你的能量场遇到善意的能量场，然后产生和谐的振动波，传递至身体的神经系统，你就会感到舒服、惬意。

同样，当我们在乡间漫步，或是身处建筑物内，都会受到气场的影响。如果我们徘徊在美丽的溪流边或繁花似锦的春色里，那种人与自然的和谐共处就会让人心旷神怡。美丽的风景不仅能用眼看到，也能用心灵去感应，用身体去感受。在城市居住的人往往喜欢到乡村度假，想要感受自然之美，得到乡间美景的润泽。

建筑物也有能量场，并且特质各不相同，我们的气场会与建筑的能量场相遇。找过房子的人都有过这样的体会：有的房子看着没有问题，却不知为何感觉不好；而有的房子虽然外观陈旧，气息却很舒服。我写这本书时住的房子就是如此，搬来时看着旧，却散发出莫名的温暖的家的感觉。

虽然如此，我们要想精准了解自我感知并不容易，因为我们自身的能量场如影随形。在某些情况下，我们会主观地认为某些感知来源于外界，比如一栋建筑给人的感觉，但实际上这不过是我们体内的振动波在发生作用。我们处理事物时往往喜欢凭借自身经验，经验告诉我们某件事不好，我们就会对其产生激烈的抵抗情绪，实际上这件事并不一定坏。我经常举这样的例子，我们很容易以貌取人，如果一个少年面目狰狞，我们就会认为这人是凶恶的。然而，他很有可能是同龄人中最温和的，衣着装扮也是充满活力的，只是他的相貌引起了你的惧意，你感受到 "不友好的振动波"，但这一切只是源自你的内心，你认同了佛教的相由心生之说。

因此，在本书中，我会不断提醒你，对自己内心做出的主观判断要持有警惕性。另外，我还会阐述心理动力学，它能够干扰你的感知准确度。

你不能保证你内心的感知永远正确，那么你对于内心的感知要以非常宽容的心态予以接受，防止个人习惯性思维阻断内心的感知。正如之前所说，你的经验和性格会决定你内心的感知，所以要时刻警惕，防止被你的内心感知所欺骗。所以，请以平常之心对待这个过程，不需要太较真，对错误要能够释怀，像孩子一样永葆初心，坦诚接受新的感觉和形象。

总之，精准的内心感知才能给你带来自在和智慧。如果内心感知让你感到亢奋，那最好等你冷静之后，再来分辨真假。对此本书在后面各章节将有更多相关内容阐述。

3 正能量法则

正视气场的概念，掌握它运作的机制，不仅能让你充满力量，还能帮你建立自信。不要受气场和振动波影响而产生消极被动的想法，反之，应该积极主动地应对，直接影响和掌控你的气场。

这就是我对能量工作充满热情的原因。我相信，人生的终极目标就是去发现真正的自我——我们每个人都是独一无二的、闪耀着光辉的个体。我们每个人都要成为我们真正的自己，真正实现自我价值。

当然，实现自我价值必须遵循自然法则，我们需要饮食、起居和心灵的安全感。虽然我曾提到过这一点，但我认为很有必要再次重申。我们需要这种源自心灵的安全感，我们也需要很好的自制力。能量和气场在我们居住、工作、娱乐的各个地方持续对我们施加影响，如果我们无法影响和控制这些能量和气场，我们就无法真正实现自我价值。

能量工作所带来的保护、净化和祝福效应能让我们增强自信、减少焦虑。尝试过能量工作的人常常会感叹它产生的心理效益。对他们来说，当摒弃了脆弱感和失控感之后，无疑是一种巨大的解脱。

我同样相信，我们天生就具有对气息的感知和处理能力，但能量工作遭到了犬儒学派、怀疑论者和基督教基础教义派的猛烈抨击。他们认为能量工作是迷信的、愚昧的，甚至可以称之为邪教。我认为他们思想过时，过分保守，错失了了解能量科学的机会。

本书不仅能帮助你自身，福及你的亲友、同事，更能改善你的家庭和工作环境。当你开始管理能量的振动波，你会发现只要与你的生活产生交集的人，他们都会因为你的正面气场而深感适意。净化、润泽家庭和工作环境的气息是一种造福的行为。如果能遵循规则而且始终如一，连你邻里的气息也会得到净化。或许有些不可思议，但我的确在现实生活中进行了多次成功的实验。

下文中，我会详尽解说如何影响并控制气场。很多人通过实践验证并且获得成功，他们喜欢这个工作的重要原因是他们深感此举有益于世界。

当物质污染破坏地球外部环境的同时，由消极观念、感觉和思想形成的消极振动波正影响着我们的内在环境，内在环境也可以称之为 "精神生态"或"内在生态"。显然，净化我们的内在环境是大有好处的。

你很容易就能想象到，大量无形的精神污染正在地球上四处蔓延。你可以以积极行动去改变并根治这些污染——至少可以保证不再制造更多污染。甚至有观点认为，环境污染和有毒物质泛滥的根源就是精神污染。任何能缓解污染的行动都是有益的，所以，净化我们的内在环境自然也是一件有益的事。

在现代主义的疯狂当中，最简单有效的帮助就是在心中开辟一片平静的善意绿洲。那些散发出友好、平和气息的人总是令人印象更深刻。我记得在我曾经工作过的地方，有一位特别的护士小姐，她面对的都是饱受中风和心脏病折磨的病人，那里压抑的空气令人窒息。但是，每天 11 点钟左右，这位小姐就会面带微笑煮好咖啡或茶，浑身上下散发出美好的气息，这让人舒心。

我经常想，医院里那些陪护者和清洁人员，他们以平静和善的心态对待工作，四处奔忙，其实也帮助治愈了很多需要慰藉的病患。

科学仪器能够测量出某些正向振动波。我们的大脑能发出不同频率的信号，比如 α 波、β 波，这些仪器能够通过测量到的信号来判断人类的放松度和幸福指数。这种技术已经被成功地运用于治疗压力过大和缓解癫痫症状。在面对某些有特殊需求的学生时，我请来了一些从事成人文学教育的导师。这些导师的意义在于，他们能散发出一种非常平静的气息，为学生提供了一个心理安全的空间，让他们可以放松、"解冻"大脑、更热爱学习。如果导师拥有最好的"平静"振动波，就可以让一些焦躁不安、学习成绩欠佳的学生摆脱焦虑情绪。

能量工作给自身和他人的好处是显而易见的。在这个日益复杂的世界里，它并不是一种迷信的无聊消遣，而是一种非常明智的生活态度，可以让人变得更加清醒、更加自信。

4 坚定自己的信念

对于能量工作，批评家和怀疑论者的口诛笔伐并不少："这简直就是宗教迷信，是精神垃圾。你愿意相信这个，只是因为你不敢面对自己不能掌控的精神世界，你只好假装能控制它。"

各式各样的批评，我听过不少，某种程度上我很同情他们。世界上到处都是神通广大的精神骗子，他们为了获取权力、金钱或操纵他人而使用各种手段。

历史上的情况更糟。在中世纪的欧洲，迷信的诡计是基督教文化的一部分，尤其是在教会当中，迷信和鬼怪之说盛行。鸡骨头被当作能够驱邪的圣人遗物（传说鸡骨头代指圣人的手指）来出售。事实上，几乎所有的东西都可以拿来卖，只要说它能够保护人们不受魔鬼的伤害、守护人的灵魂。在世界上的每一个角落，当你期待成功、胜利、爱情、金钱、美貌时，你都能找到一个能依靠施法来满足你欲望的巫师。实际上，这些巫师只不过是以某种方式来影响气场或能量而已，这是宗教组织惯用的骗人伎俩。

到了 17 世纪、18 世纪，欧洲文化终于开始摒弃这些荒谬和不愉快的信仰。正因如此，今天有许多人害怕回到那些黑暗时代，每当他们听到类似中世纪迷信的事情时，都会有一种不信任的下意识反应。我很高兴有这些人的存在，因为如果没有思想健康的怀疑论者，这将是一个危险的世界。

人类学家特别指出，我们这些人，像部落的"原始人"一样——自己编织了这个内在的能量世界，然后假装能控制那些无法控制的东西。这种蔑视拥有自然智慧的部落民族和对能量具有高度敏感性的能量工作者的态度是一种狭隘的智力歧视。如果有一样东西不符合当代科学的认知，那么它就会被认为是幼稚的想象。但实际上，科学本身是在向前发展的，并且对自然和宇宙的理解也在不断进化，其中也包含诸如"意识和物质之间相互联系""所有事物都是由不同形式的能量组成的"等观点。

能量活动真实存在的观点只有亲身体验后才能彻底相信，这跟经验有关。如果你没有经历过，为什么要相信呢？我们有五种明显的感官——触觉、味觉、嗅觉、听觉和视觉——它们帮助我们与物质世界打交道。我们通过五种感觉来传递信息。第六感更微妙，不那么明显，但它也一直在起作用。

也许第六感很容易被我们忽视，仅仅是因为并没有人告诉过我们或是鼓励过我们需要认真看待它。它不在学校课程表上，父母从未向我们提起过它。实际上，我非常希望在我还是小男孩的时候就能有人告诉我，对振动波和能量活动的敏感其实很正常。它是生活中自然的一部分，意识到这一点只会给你带来好处。

第二章
大地、身体和呼吸

脚踩大地，让精神沉浸到身体里，用平静的呼吸来保持舒适

1 如何获得安全感

要想做有效的能量工作，要想改变和影响周围的气场，你必须完全做到身心合一，让你的身体与大地紧密相连；你还必须控制呼吸节奏以保持平静。如果你不能感受到与大地相连或者呼吸紊乱，那么你的感知能力就会下降，难以在紧张和困难的情况下保持冷静。

课堂上，我常会问我的学生下列问题："你能感知到生命的多少部分？在自己的身体当中是否感到舒适？你能否感知到自己的身体？你的注意力主要集中在哪里：你的身体，你的想象，你的想法或感觉？"答案是各式各样的。

出身背景的不同，历史文化观念的差异，会塑造不同的人群特质。我们发现那些诗意浪漫的人常常身在当下，心在未来，他们的灵魂自由翱翔于天地间，不受世俗制约，这样的智者有着赤子之心，天真烂漫，你能感受到他们在思考当中迸发出的强大能量；但也有一类人，他们的能力受到制约，情感遭到禁锢，声音孱弱无力。

当然，这只是个大略的概括。我想让你明白的是，你的意识和知觉可能并不完全在你的身体里。事实上，现在的成年人很多都不能做到轻松协调地掌控自己的身体，我们的感知度和控制力不如孩童，成年人的身体很难做到孩童那样的优雅放松，平衡灵动。同时，很多成年人对身体的控制力也比不上原始部落民族或体力劳动者，因为现在的成年人很少参加体力劳动或运动，所以意识也就不完全在身体里。

现在请放松，我们可以来做一次评估，看看我们能够控制自己身体的程度到底是多少。我们身体的器官哪些是经常活动，哪些是基本不活动的。这其实很容易，只是让你感受一下自己，了解你所能控制自己身体的程度而已。

现在让我再问一个问题：你能否感受到大地？你和你脚下的大地有多少联系？你是否感觉到了地球的引力将你束缚住，阻止你飞入太空？有些人天生就对大地有很好的感受力，特别是过去那些手工业者和土地上的劳作者。然而，大多数现代人并没有与大地建立好的联系，感觉自然也很迟钝。

同样重要的还有第三个问题：你的呼吸是平静而有节奏的，还是紊乱、紧张、不舒适的？

关于大地、身体和呼吸的这三个问题，是至关重要的。无论你的想象力和经验如何丰富，无论你如何训练有素，如果你不能潜心感受大地，保持冷静，那么你处理能量工作时将会出现困难和偏差。

我教给很多人的最重要一课就是真实地接触大地。对于那些在工作氛围中倍感压力的教师和商务人士来说，我给他们的建议就是立即从高楼大厦里走出来，脚踩大地，让精神沉浸到身体里，用平静的呼吸来保持舒适。

为什么大地、身体和呼吸如此重要？答案是从实践当中得来的。如果你浑浑噩噩、焦灼不安、心不在焉，身体与大地分开，那尔的生活必然会是一团糟。想象一下，如果你要处理威胁或紧张的情况，就必须保持冷静和专注，让你的整个身体放松和稳定。如果你的注意力放在别处，或者你的意识试图逃离当下，那么你的身体就会表现出紧张和焦虑来。如果你的身体变得很焦虑，那么你当然会感觉不舒服。

你的身体是生物体，也是你意识的载体。这就需要你用意识牢牢地控制你的身体并引导它。当遇见威胁时，你的意识可能无法完全控制你的身体，而是陷入恐慌的状态，那么你的身体就会感到焦虑。这种焦虑会引发肾上腺素的变化，唤醒三种本能：恐惧、逃跑或反击。另一方面，如果你的意识足以掌控身体，你就能做到控制自己的躯体反应，甚至是肾上腺素的分泌。在我的《内啡肽效应》一书中，我已经充分描述了这种化学变化的原理。

2 平静应对武力威胁

想象你现在身处一个让你感到害怕的环境中，你稳稳地站立，呼吸舒缓平静，身体尽量放松，让你的脸、胸部和胃都很放松，让你感受到自己与大地之间的联系，引导胸和胃部缓缓下沉、放松。

你应该可以迅速感觉到并想象到，身体的高度自控使你体验情境的方式发生了改变。

你紧贴大地的表面，集中意识回归身体，你能感到你的重心处于你下腹部的某个位置。

你看，婴儿活动时的体态和身体能量分布非常完美，孩子在蹒跚学步的时候就算一屁股坐下去，但背部却能保持挺直，这正是因为他们身体的重心非常低。

孕妇也是如此，重心处在下腹部。如果你曾怀过孕，你也许会记住那种除了体重和疲劳之外的感觉。

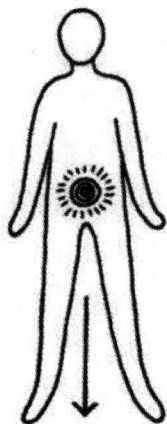

你身体的重心在下腹部

　　东方武术家把身体能量完全集中在他们的下腹部。在合气道、功夫、太极和气功等各种东方武术中，气是精力充沛的基石，让生命力更加旺盛，而它正位于人的腹部。东方武术中的基本功都围绕着下腹部的运气来展开，也就是所谓的"气沉丹田"。

　　想象一下一个武术家：双脚分开，膝盖微微弯曲，背部挺直，目光平静而警觉，呼吸轻柔，精力充沛，蓄势待发。任何身心能量的变动都可能发生在这个人周围，但他仍然会保持冷静和警惕。我们需要的就是这种镇定自若的状态，从而有效应对困境。

许多年前，在我上大学期间，在萨默塞特（Somerset）经营着一家很酷的酒吧。一个安静的星期六午餐时间，两个15岁的女孩，显然还未到法定年龄，要求喝含酒精的饮料。我拒绝了她们。她们坚持，我又拒绝了。然后，她们带来一个壮汉，俯身在吧台上对着我的脸嚷嚷，他说他是她们的堂兄，我必须为她们服务。他的表情和语气都很不客气。我并不擅长打架，但我回答说我不能为她们服务。他又重复了一遍。

我保持冷静，评估了形势。我以为只要能让他开口说话，我就有机会让他平静下来。我的主要论点是，如果我为他们服务，我会失去工作。他真的想要这样的结果吗？不过，我知道我需要私下和他谈谈，因为像他这样的人绝不会在公共场合服软。

然后，我非常镇定地问他能不能去后面的房间私下谈论此事。他神色冷冽地盯着我许久，可能有15秒钟左右，然后半笑着说："何必呢。"接着，他告诉他的妹妹们得离开了。

一周后，他再次来到我的酒吧，当时酒吧里只有我们两人，我们一起喝酒，聊了起来。实际上，我们聊得很融洽，又提及了第一次见面的事。他笑了，然后开始解释。他告诉我，他从小就一直在打架。他出身于吉普赛家庭，要么自立，要么被人欺负。当然，他也喜欢打架，所以在当地有了硬汉的名声。身为打架高手的他，常常研究对手的风格，一般动手前他常常会先观察他人的肢体语言。他认为从开始接触到最终动手，这是暴力不断螺旋上升的过程。

但是那天中午，我的身体语言并不符合暴力螺旋式发展的通常模式。同时，他感受到我的身体语言并未散发出恐惧的信号。我的呼吸和面部表情都很平静，眼神警觉、沉稳，肢体舒展，没有焦虑情绪。因此，他得出结论，我可能是一个非常老练的黑带空手道专家，喊他到后面的意思，是想从容不迫地把他打倒。

对于那些想在一个充满威胁的世界里保持尊严的人来说，这是一条非常重要的启示。冷静淡定的身体语言能让你看起来像是一个百战百胜、非常自信的打架高手。

你可以观察那些武术高手的肢体语言和身体能量，他们的身体平静，紧贴大地，呼吸柔缓匀和。即便陷入围攻，对手众多，他们依然能够保持目光锐利、身体平稳。

我知道这听起来很像在宣扬男子汉气概。实际上，当你感到心理上或能量上受到攻击时，或者当你非常紧张时，这是一个绝对正确的应对方法。如果你想在受到攻击时仍然保持内心的平静和自信，那么先要让你的身体保持平静和自信。

如果你把注意力集中，意识回归身体，呼吸舒缓，双脚稳立于地面，那么当面临突发事件时，你就能沉着、冷静地想出应对之策。反之，你就可能紧张、恐惧，无力思考该如何应对。

我听说过很多通过保持沉着冷静的状态来避免受伤的故事。一个朋友夜里散步时，迎面碰见一群年轻人。他立马感觉到危险，完全愣神，但好在回过神来。人群中一个男孩冲向我的朋友，举刀逼近他的喉咙。危急时分，我的朋友控制住自己的呼吸，空气在那一刻好像突然凝固了。然而，那男孩什么都没做就离开了。几分钟后，我的朋友后怕得全身战栗，喉咙被尖刀逼迫的恐惧感袭上心头。可是如果在刚才面临威胁的那一瞬间，我朋友因为恐慌而大叫，害怕得全身颤抖，后果有可能会不堪设想。谁知道接下来会发生什么？

对于女性而言，这种问题尤为严重。女性处于弱势地位，可能被那些具有攻击性的男性袭击，因此，掌握必要的自卫手段是很有用的。但我首先要说清楚，我绝不希望因为我的建议而导致任何一位女性受到侵害。虽然从过往经验来看，双脚贴地能帮你获得一定的安全感。但假如面对具有攻击性的男人时，你也要采用别的策略来避免遭受伤害。我认识一位女性，她曾在伦敦地铁站与 3 名年轻男子对峙，她用强硬冷冽的眼神盯着对方很久，然后怒气冲冲地离开。她用暴怒攻击了对方，对方因为精神防线被攻破而逃走。虽然她此前并未参加过自我保护的技能训练，但她的身体非常强壮，她决定冒险一搏，避免陷入被动和被人挟持。

　　但换种情况，她的做法也有可能会激怒罪犯，但在这里，凭借着她的强硬个性和强大意志力，她获得了胜利。本书第六章会教授一些增强自信和个人力量的能量练习，这有助于你建立一道"安全防线"，阻挡他人的侵犯。但是，我还是建议那些担心被侵害的人参加一些自我保护和冲突解决方面的技能训练，那样很实用。

　　但是，你拒绝被侵害的必要前提是保持沉着、冷静。

3 战胜自身的恐惧感

　　我们需要保持沉静和专注，以便精准地感受气息。因为我们的身体对气场里的所有存在都很敏感。在感到恐惧时，我们的身体上的某些部位不自觉地僵化，内心的某些部分下意识地逃避，这种情况下我们难以感知什么。事实上，具有讽刺性的是，当你感到恐惧时，你的注意力反而大部分会集中在恐惧感本身上。说一个对我来说非常可怕的经历。十几岁时，我在乡下迷路了，遇见一只低飞的蝙蝠，我的头发绊住了它，几秒钟后它才得以挣脱飞离，我吓得全身惊颤。即使蝙蝠已经离开飞走，但我还是特别的恐惧，我被任何一点点动静吓得大惊失色，简直草木皆兵。刚才的恐惧感已经穿过我的气场影响到我的心理状态，我其实是在自己吓自己。解决的方法其实不难——双脚紧贴地面，让自己变得平静。

练习方法

　　本书当中的训练需要发挥你的想象力和观察力，掌握正确的方法非常重要。

第一，你需要保持冷静和耐心；第二，你的感觉和感受可能不会像演电影那样神奇，能量工作都是很微妙的。

当我要求你想象或感知某些事物时，希望有画面出现在你的脑子里。而且，你要学会感受它在你体内真切存在。

能看见非常清晰明亮画面的人少之又少。多数人不能，比如我就没有看见过像电影般的清晰画面，感觉到能量运动的微妙是柜当重要的。所以要放开头脑和思想，相信万物皆可流转。

例如，你不妨想象一下，有一股能量从脊椎往下，通往大地，其间你最好闭上眼睛（睁开也行），经由感知—感觉—想象—冥想的过程来体察这股能量在你的体内向下流动。你只需记住并掌握这个流程即可，我相信它会对你有帮助。即便你的感觉并没有那么敏锐，即使感知很微弱，你也不必太担心，你一定可以体验到相同的结果。我自己做这种练习时也没有出现很多清晰的影像，感知或体验都是比较微弱的。此外，如果你觉得做这类练习有些笨拙也不碍事，其实多练习几次你就可以做得比较顺畅。

本书中的所有练习都遵循能量跟随思维的法则。你只要一想到某些事物、关注某些事物，能量自然就向你的关注点流动。所以你能以思维和想象建立特定的能量流向和气息。

例如：在本章中，运用思维和想象让身体正确地贴紧地面的那些练习。下一章中，你将学习如何以思维和想象来建立安全感和庇护你的能量场。在一个安全区域内感知它，并导入你内心的温暖能量，慢慢塑造美好的形态，创造一个正向能量场。管理能量的能力是人类与生俱来的天赋。

但你要清楚，这些感觉都特别微妙，不要总是期待那些光亮鲜明的影像或非比寻常的体验。因为如果真是那样，我们也无须面对争论和怀疑了。所以，只需要以轻松的心态做好所有的训练，并享受训练时感知到的缓缓流动的能量！

4 借助大地的力量来完成自我修炼

双脚贴紧大地的练习其实就是一场身体和大地的交流，能让你感受身体的能量和大地的能量彼此交换，融合重生。这种练习很容易，随时随地都可以进行，甚至你在看这本书的间隙就能和大地进行互动，只要你感受到能量的流动，那就说明是有效果的。

练习方法

将你的思想集中在脚下的大地，慢慢感受能量在你和大地间的流转。如果你身处高楼大厦，你仍然可以想象，并应当相信，你与地面能够通过某种方式进行连接，这种能量的流转甚至能深达地下。有的人很容易体会到连接，但有些人可能起初的感觉比较迟钝。所以，就算是不明显的感觉也不需要担心，过一段时间就有效果了。

有许多不同的方法可以帮助你自己感知这种联系。

比如，通过你的脚底和你的脊柱底部感受与地面的联系。如果你具有很强的视觉化想象能力，就要多加利用；如果没有，你就多去慢慢体会那种能量经由你身体流向大地的过程。

你可以感觉到能量经由你的头部，然后穿过你的脊椎，顺着身体向下流入大地。如果你身体的某个部位感到紧张和焦虑，那就代表某处与大地之间产生了联系。最终，能量从脊椎底部向下移动到大地内部，然后循环回到脊椎，完成能量的交换。

脉　轮

在东方医学的概念中，身体里某些特定的能量中心被称为脉轮，通过身体能量图可以看到，体内的脉轮自下向上依次为：脊椎骨尾端、生殖系统、腹部、心脏、喉咙、额头、头顶。

想象自己是一棵树，你的躯干就是树干，让你的根系深植地下延伸舒展。你不妨走出家门，脱下靴袜，以手、足直接触碰大地。去拥抱一棵大树，感觉参天大树扎根之深。随着根系的延伸，能量深深注入大地。在街道上行走时，你试着与大地沟通，想象自己的一部分或全部都在地底。

或者，想象你是一座山。

用泥土或粉末状金属（如镁或铝）按摩脚底。

佩戴月铅或赤铁矿制作的护身符。

坚持练习，你能感受到更大的改变，方法真的有用，如果你可以保持敏锐的直觉和丰富的想象力，你的头顶能量场就会始终处于充盈的状态，并让你感受到那种植根于大地的力量感。每天，我从早上醒来的时候就开始练习接地。事实上，在大城市忙碌的生活中，持续保持身心健康是非常重要的，这是我始终为之努力的方向。

5 让你的意识注入身体

除了脚踩大地，你的意识更要注入身躯。现代文明充满物质刺激，使人们很容易忘记身体的存在，但我们无法生活在纯粹的精神文化世界里。

练习方法

每天晨起后，请以温柔的眼神观察自己的身体，费时只是几分钟，但却带来真实的愉悦感。因为你意识到原来这就是你自己的身躯，你的意识在经历过一夜的游离后重新回归了自己的身躯。醒来后不要直奔工作而去，请让自己从容不迫，不要马上下床，体味意识注入身体的感受。

让时间随着自己慢下来，静静等待意识完全的回归。在这个过程里，你可以轻轻触碰一下你的脚趾和脚掌，和它们打招呼问好，以示关注。然后逐渐将注意力转移至身体各个部分，感觉是否哪里疼痛。关注疼痛的位置，和它们同样问好打招呼，传达你的关心。轻轻地揉揉那些肌肉紧绷酸涩的地方。

　　了解你的身体结构和身体本身会有利于意识的注入。所以，为了让你的身体能保持在自信、舒适的状态，你可以每天进行此类的起床练习，即便某天你身体感到疼痛不适照样要练习，那样反倒能给你带来一些舒适的感觉。

　　起床练习是比较私密的一种锻炼，你的伴侣也无须了解你是否在进行练习。有的人练习完可能又再次入睡了，这也没有问题，此时你的睡眠状态可能会更加放松。但是，在你再次醒来后，要准备开始一天的生活、工作之前，最好可以再来一遍起床练习，再次让你的意识注入身躯。

　　还有一个有效的简单练习方法：以舒服自然的姿势坐下或躺着，然后感知一下你身体的那些特定部位。你的小腿或脚踝的感觉是怎样的？保持一种温暖柔和的专注，你可以感觉到小腿或脚踝的全部脉动。然后，你同样用这种专注的意识去感知身体的任何部位，你同样能感觉到被关注部位的存在。

　　还有些其他的方法让你的意识注入你的身躯。
● 给自己按摩；
● 享受按摩；
● 享受自在的沐浴；

- ●定期锻炼身体；
- ●修习瑜伽；
- ●舞蹈和运动；
- ●做能让你感受到身体的任何事。

如果你确实不易做到把双脚贴紧地面或让你的意识注入你的身躯，不妨试试武术、太极或者气功，即便学习的时间有限，对于平衡和调整你的重心、改变你的身体意识都很有帮助。

常有人问我坐飞机时能不能让自己的双脚紧贴地面，答案是"可以"。实际上，保持这种与大地相连的感觉有助于减轻你坐飞机时的焦虑。你可以想象有一条能量纽带连接着天空中的你和大地，这条能量纽带是地心能量和你的能量交融互换的通道，而这股能量就汇聚于你的下腹部。

也总有人问，在飞机上练习和地面能量互动是否安全，他们担心这可能导致坠机。对于这个问题，我只能说这种经历我并没有过。

6 呼吸大法

在你的双脚紧贴地面并感到身体舒适时，你的呼吸也必然平静而有节奏。显然，自我冷静的一个基本标志就是轻柔而有节奏的呼吸。当我们紧张时，呼吸就会变得急促、不规律。

如果一切进展顺利，我们不会注意到，也不必注意自己的呼吸状态。但是，在紧张危险的环境中或者进行能量工作时，我们就应该留意自己的呼吸，以便及时将呼吸节奏从急促引导至舒缓。

这是一种无声、没有干扰的宁静呼吸，呼与吸都是同样舒适的长度。过去，人们在呼气和吸气时都保持数七下的长度，但其实没必要这样教条，以自己感到舒服的方式就好。一般人都很容易找到一个自我放松和舒服的呼吸节奏，大多数人都不需要计数。

当然，你愿意的话，可以尝试在一呼与一吸之间停顿一秒钟，或让吸与呼轻柔地互相转换，两相对比，找自己最轻松的感觉。

如果你呼吸的感受很自在，呼吸的练习就可以不用做了，但你必须学会面对压力时将呼吸引导为平缓节律的技巧。换句话说，只有控制好呼吸才能控制好自己。如果你希望获得自由和自信，掌握如何平静地、有节奏地呼吸就是必要的。

请你想象一下：一个人厉声辱骂你或者企图让你不开心。你只用站在那里集中注意力，让呼吸保持平静就可以了。这么做，不仅能迅速转化你的情绪，而且能激发你解决问题的创意。

无所事事的时候就是你练习引导呼吸的最佳时间，比如：上班途中、漫无休止的会议中或者排在快让人疯掉的长队里。

练习方法

温和地引导呼吸，让它舒缓而有节奏。

调节呼吸，使吸气与呼气的时间长度大致相同。

要么让呼与吸之间顺畅地无缝对接，要么在呼与吸之间稍做停顿——找到最适合自己的方式。

不用担心空气会在你的胸腔里逗留，它会找到最适合自己的位置。如果你感到紧张，那就再做一两次深呼吸来放松胸部。

接下来的诀窍是让你的胃部放松，让你的身体感觉到舒服。以悠长、缓慢、平和、宁静的节奏呼吸两至三次，直到感觉气息运转到了下腹部，那就代表你成功了。

如果多次练习后，你还是觉得难以引导你的呼吸，那不妨试着参加一些瑜伽或者冥想课程，这类课程都非常注重呼吸，它们会教你如何平缓又有规律地呼吸。如果你觉得胸部有一个凝滞的结块，你还可以选择再生治疗法，这是化解体内深层紧张状态的一种呼吸技巧。经络按摩也有助于放松憋闷的呼吸，有人还发现诵唱练习非常有用。

7 找到自身所在的地理位置

让你感受到与大地的联系和身体舒适的还有另一个因素，那就是知晓自身具体所在的地理位置。我们现在就来做个测试。

你清楚东南西北各自的方位吗？你知道离你最近的河朝哪个方向吗？你想眺望最近的海或者观赏夕阳该选择走哪条路？你是在山上还是在高原上？你脚底的土壤是黏土、花岗岩，还是其他的种类？

我再问你几个问题：你能指出你的办公室或家的方向吗？你能指出你最喜欢的山、河或湖吗？你所爱的人和最好的朋友在哪个方向？

这些与能量活动有什么关联吗？作为地球生物中的一员，人类需要知道自己身体所在的地理位置。我确信，在潜意识层面上，你需要知道自己在哪里才能感到安全。你有没有过这种经历：在森林、乡间，甚至城市里迷路，你会突然产生恐慌，这种恐慌证明了人的天性就需要知道自己身在何处。

在农村和部落社会，人们都知道自然界各种物体的位置。部落的人必须知道猎物在哪里才能生存。那些与土地关系密切的人，依靠土地生活的人，会认为迷失方向是一件无法理喻的事。我们是地球上的生物，为了获得安全感，我们需要知道自身的位置。就这么简单。因此，我建议你弄清楚家和单位的四个方向。提醒一下，东边是太阳升起的地方。如有必要，给自己准备一个指南针。

当你在脑子里分辨出四个方向后，静静地坐在家里或办公室，注意你最喜爱的人和风景在哪个方向。

通常，当我想要舒适或需要更大的安全感时，我就会想象四个方向中有我最喜欢的地方。梦想可以很奢侈。往西，我就让我的思绪穿过大西洋来到美国的大峡谷，这里是世界上最迷人和最壮丽的地方之一；往北，连接苏格兰群岛，美丽而神秘的石头矩阵散发着玄机奥妙；往东，直达巍峨的阿尔卑斯山脉，那鼎鼎有名的被称为"天使之山"的英格堡如此瑰丽美好；往南，高耸屹立的是摩洛哥南部的阿特拉斯山脉，我曾在此悟道，福缘深厚。

想象瞬息连接梦境，意念自由通达南北。但同时我们的身躯就在原地，双脚紧贴地面，仰望星空，我们和天地相连，一条无形的能量纽带将广袤无垠的宇宙和我们紧紧相连。身居红尘，心在天地；扎根沃土，神思无际。只有感觉到这种自身与外界的联系，我们才能在城市里幸福安宁地生活。

明确自己的地理方位

如果你搬家或是换新的工作了，建议你抽空去了解一下新居周围的景致。周边有哪些山，地面是什么样的。查探邻近的河流、水域，找寻附近的图书馆，查看一下旧地图，那里会显示这个地方没有修建成钢筋水泥建筑前是什么模样。如此，你会对你的所在地产生真实的感觉。

想象一下，你遇到一个冗长枯燥的会议，让人烦躁不安。

此刻，调整你呼吸的节奏，让自己感到已和大地相连，然后将你的思维飘向你所爱的地方或人那里，情之所至你就会到达心中所向，这就是意识能够产生的强大力量！

8 拒绝拖延

在教授这些能量方法一段时间后，我发现很多人都能理解它们，并且愿意将它们付诸实践，但实际上并没有做到。

人们有各种各样的理由不去做对他们有益的事情——出于过分的谨慎、焦虑、懒惰。很多人明白事情的道理，知道自己需要做什么，但不肯去做。如果我这种说法听起来很傲慢，请原谅我，但我知道有些人需要鼓励。因此，我建议你立即做点什么。试试调整你的呼吸，尝试双脚贴地，在你的房间里标出四个方向。现在就做。

如果你还是缺乏自信，我可以再给你些鼓励，这事不难。俗话说得好："造船不是为了让船停泊在港湾里，而是为了用它征服辽阔的大海。"所以，如果你有这样的天赋，请别再迟疑和拖延，请以你的力量和勇气坚持下去。你要知道，能量工作能为世间带来福祉，帮助我们建立更安全、美好的空间。

为方便记忆，以下是本章知识的归纳总结：

- 双脚紧贴地面；
- 保持镇静；
- 轻轻地有节奏地呼吸；
- 明确你的地理位置；
- 小心辨别；
- 行动起来。

第三章
如何实现心灵的自我保护

睡觉、休息和放松是心灵防护的第一步

1 保持健康

在精神方面，大部分人都会被外在的振动波所影响。当我们重压在身、疲惫不堪或者刚经历人生重大变故时，我们看起来会变得脆弱。我们会对任何压力都变得更加敏感，甚至不想面对身边的人或事，就算平常亲密的亲戚朋友也不能靠近，我们孤立自我，远离他人。如果我们真的变得脆弱，我们就会对他人的情绪异常敏感，这可能会摧垮我们的内心防御。有很多人的情况会更糟，上班只会让他们变得更加筋疲力尽，最坏的情况就是自暴自弃。

其实，睡觉、休息和放松才是心灵防护的第一步。面对现实，无须逃避，身心交瘁的我们本来就变得非常敏感脆弱，良好的休憩和健康的体魄才是当前的重中之重。如果我们的神经系统已然衰弱，内心也会变得更加脆弱。

我想提醒你，你需要照顾好自己，身体健康和心灵健康是相辅相成的。所有的气息流动和能量转化都是在神经系统内进行，一旦神经系统陷入衰弱的状态，那么你就很容易被能量场的变化所压倒，而在通常情况下，能量场的变化不会造成任何紧张或苦难。

心灵保护的第一步就是保持身体健康。这包括：良好的睡眠习惯，参加适当的体能锻炼，健康的饮食习惯，戒烟戒酒和避免滥用药物，更好地管理时间，控制工作量。用明智的策略过上体面而舒适的生活。

如果我介绍的方法和你日常修身养性的方向南辕北辙，那就请忽略我的方式。我们并不需要教条主义，我能想象你们其中的一位，他保持身心健康，修习吐纳之术，感知敏锐，尝试着与大地宇宙进行能量转换。你们真正需要的只是放下工作，在乡村小道上漫步，在树下安坐片刻，哪怕只是小憩片刻也是好的。

换言之，在某些时候，人应该能够保护自己免受外界振动波干扰。也许有人想问我："这是否容易让人脱离社交，丧失社会属性，变成逃避现实？"我只想说，我们已经生活得够艰辛了，我们已经背负了太多压力，我们需要空间！如果我们能巧妙地利用能量工作的策略，排解生活中的种种不快，那我们也能更轻松地去面对生活，何乐而不为呢？比如，下雨的时候穿雨衣，并不说明我们软弱和逃避现实，相反，这很明智；雨停的时候，脱下雨衣就好了。同理，当我们内心的情绪发生波动时，就要采取相应的保护措施，而不是一味地去硬扛。

本章将会讲到如何保护自己的心灵免受伤害，你可以在各种日常情况下使用。运用这些技巧能帮你快速融入一个陌生的环境，或在忙碌的生活当中保持内心的平静。除此之外，这些知识还能教会你保护自己的家人。

2 气泡

　　一个很有名的心理保护策略是在自己周围制造一个保护性的气泡。你想象自己置身于这样一个气泡中，任何不愉快的振动波都无法穿透它。

练习方法

　　让自己放松、舒适。

　　让双脚踏地，建立起自身与大地的能量连接，引导呼吸变得平缓而有节奏。

　　想象自己进入到一个透明的保护气泡里，负面的振动波被完全阻隔。

　　花一段时间感受周围的气泡。气泡在你的头上，在你的脚下，完全保护你的背部，完全包围着你。

　　感觉到你自己的振动波可以穿过气泡，但负面的振动波却无法进入气泡。

　　在泡泡里面，你感觉很放松，很舒适。

然后，你还可以对你的气泡进行一些改进。你可以尽情尝试，直到找到感觉最好或者你用起来最容易的方法。

　　气泡打造完成后，请有规律地平缓地吐纳呼吸，用这些温暖湿润的气息打造属于你的振动波，你的气泡里全都是属于你的纯净的振动波。

　　给你的气泡填色，绿色的或者蓝色的，如果你希望泡泡更具迷幻色彩，那就把你的气泡的颜色变成彩虹色。每种颜色就像每种声音，代表不同的振动波，你的情绪变化会引起颜色的变化。颜色的变化又会引起振动波的变化。要不断尝试什么颜色对你最有效。

　　在你的气泡表面画上图象。通常都是一些宗教图象：如十字架、大卫之星、五角星、印度教的奥姆符号（神圣的象征）。也可以是像大力神赫尔克里斯和月亮女神戴安娜等神话形象，或者你所信仰的耶稣、佛或观音等宗教人物形象（稍后我将解释这些符号是如何以及为什么具有能量的）。

　　尽情地绘制、改造你的气泡吧。在气泡里面做任何自己喜欢的事，让气泡里面的正向振动波更强烈。

　　想象一下气泡外面标有十字架、五角星等能量强大的符号，从而强化了保护作用。

　　或者在你的泡泡外面写上标语："请不要靠近！"或"不

良振动波已屏蔽！"

重要提示：要一直确信那个泡泡就在自己的脚下、身后。还要像往常一样保持与大地的连接，保持平缓而有规律的呼吸。

关于气泡练习的最常见问题是：多大尺寸的泡泡适合我？大多数人发现扩展至四五英尺的气泡最好，但还有一些人觉得更大的会更好。我还了解有一小部分人的气泡贴得很紧，像戴橡胶手套或穿潜水服一样。实际上，泡泡都是具有弹性的，即使在拥挤的环境中也不会爆炸或松开，而是紧紧包裹在你周围，不会破裂。

第二个常见的问题是：气泡能持续多久？这不光取决于你练习的次数，还关乎你在做练习时投入的专注和能量。如果在你遇到危险时，临时起意想做一个气泡，而你以前却从未练习过，那么你的气泡可能没什么效果。想要让气泡正常发挥作用是需要反复练习的。每天练几分钟，连续多个星期，就能让你有深刻的体会。一旦你变得熟练和自信，你就可以在需要的时候创造一个有效的气泡。

如果你是一位不堪重负的教师，那我建议你每隔一个小时左右就投入精力做一次气泡练习。

如果你身处险境，并马上给自己做了一个气泡，但如果你不对这个气泡加强保护，那么这个气泡的有效时间也就20分钟而已。外在的负面振动波会攻击你的气泡，当泡泡快要破裂时，你会很清晰地感受到它的颓势。所以，你需要时时刻刻去关注和维护气泡。

　　气泡练习或者其他形式的心灵保护并不会让人变得态度冷漠，与世隔绝，因为人在心灵气泡里表现出来的都是温暖友善的态度。外界是很难发现你的气泡的，除非是那些想威胁你的人，但因为气泡的保护作用，他们很难得逞。所以，如果你学会了泡泡练习，你会发现他人的伤害会被自动隔绝在外，这对你来说不正是一件愉快的事吗？

3 盾

盾作为一种护具，曾在世界各地被广泛运用。

练习方法

想象一下你有一些护盾。这些护盾通常是圆形的，尺寸不等。然后你把你的盾牌放在你身体最脆弱的部位。例如，我妻子在与情绪不稳定的人打交道时，在她的太阳神经丛上放了一个小盾牌，上面装饰着一个同样可当作武器的十字架。这些盾牌可以按你想要的任何方式装饰。如果你尊重部落或民族的传统，那么用你所知道的传统方式来装饰他们。

人们通常把盾放在他们身体最敏感的部位，这和印度医学里的脉轮系统一致。举例来说，当你觉得某人是性侵犯者，你可能会用盾护住生殖系统的脉轮。如果你面对一个正在气头上的人，你会用盾护住腹部神经丛。如果某人的精神过于兴奋，那你就把盾放在眼睛或额头前面。有些人甚至干脆用一个巨大的盾来护住他们的整个身体。有些人使用镜子或玻璃制成的盾牌，他们能感觉到这个盾牌在积极地反射任何负面的气息。

我再强调一遍，去尽情尝试吧，如果你喜欢本书中提供的各种练习，那么去尝试练习吧，给你的防护盾染上颜色、装饰上你信仰的图腾……你会发现，这些练习受用经年。

4 火焰

火焰比盾牌更具活力和自信，可以帮助你坚定信心，带来良好的情绪。

练习方法

想象你自己是一簇充满活力的火焰，深深扎根于地底，你的身体就是火焰的核心，如同蜡烛的芯一般。你燃烧着，散发着明亮的光芒，你的活力与光辉阻挡一切负面振动波的侵扰，所有邪恶的念头和感觉都在你的火光中化为灰烬。虽然从常识上而言，火焰通常是紫罗兰色和金色，但你也可以尝试标上不同的颜色。

没有人能真正看见火焰的颜色，除非有透视能力，但人们真正感兴趣的是你散发出的正面气息。

5 斗篷

为你自己穿上一件简单或者华丽的神奇斗篷吧！让它保护你。

6　像花一样闭拢

　　当你离开一个开放舒适的环境，进入一个相对不太友好的环境里，你就会像花一样闭拢。这是一种常见的情形，就像你离开家赶往办公室去上班；刚刚结束一场按摩；在公园或乡间散心后返回压抑的城市。

练习方法

　　你感觉自己是一朵花，你的茎深深地扎进地面，你的花瓣张开。然后感觉你的花瓣轻轻闭拢，正如夜间里的每一朵花一样。郁金香就是这项练习的完美典范。

　　有些练习脉轮系统的人会把每个脉轮想象成一朵花，一朵接一朵地感觉到它们合上花瓣。

7 铅帘

对于关系亲密的人来说，可能偶尔也需要保留各自的空间，即使同床共枕的伴侣也会担心自己或者对方的振动波影响到彼此。所以，铅帘这个练习对同处一室的人是很有用的。

练习方法

想象在你和另一个人之间有一道窗帘。窗帘有从地板到天花板这么高，它是用铅制成的。然后轻轻地呼吸，在呼出的空气中，感受你呼吸的温暖和湿气，这让帘幕的感觉越来越真实和结实，如此一来，你和伴侣两人的振动波触及帘幕时都会被反弹回来，这样就不会相互干扰。

8 动物力量

有些人觉得自己与某些动物之间有着神秘的联系，他们对动物身上散发出的影响心领神会，这些动物的生存哲学帮他们渡过了人生的难关。

练习方法

如果你确信与某种动物有联系，你可以试着穿戴用这种动物皮毛做成的衣服或头饰，这会让你感觉自己就是那个动物。这身装扮能促使你强大的力量觉醒，形成对你的保护。

只有当你真正觉得你身上带有某种动物的基因时，你才能尝试这个练习方法。此外，当你穿上这种动物皮毛制作的服饰后，应该是淡定自然、舒适自在的，而非兴致勃发或是斗志高昂，更不会肾上腺素急升。我再重申一点：与大地交换能量，吐纳有术，呼吸平缓轻柔。

9 植物力量

有些人会把自己想象成植物，通常是大树。

练习方法

感觉自己是一棵树，成为那棵树，根深蒂固，树干强壮，散发着自然的能量，没有任何不愉快的东西能靠近你。

10 寻求帮助

无论你采用了什么样的保护方式，只要你将爱和仁慈的
能量注入你的整体能量场，那么它们就会变得更有效。

11 守卫家园

气泡练习的方法同样适用于对你的家庭的保护。

练习方法

心平气和地坐下来，双脚紧贴地面，深呼吸，慢慢感受有个气泡罩在你家周围，你的正能量也被吸纳进这个气泡。感受这个气泡的强大，不让任何负面振动波进入其中。你可以给气泡涂上颜色，用你喜欢的方式对其加强保护，比如用火焰或者动物、植物的练习方法为气泡进一步赋予能量。

可以在你的门窗上贴上一个你喜欢的护身符，还可以用真实的物体来加强对家庭的保护。

要多利用你的本能和直觉。举个例子，我家前门外有三只马蹄铁，后门守护者是绿人（绿精灵）面具。前门还种植了一大片迷迭香辟邪，净化周边的环境，保护我的家。

我家的房子一直以来得到了很好的保护，这得益于我为房子设置的保护气泡，经过多年的关注，它抵抗外来负面振动波的能力越发强大。我们每晚点一支蜡烛，为这里带来和谐与安宁的气息。世界上和我家一样的家庭也有很多，他们也像我们一样努力守卫自己的家园。不要小看日积月累的力量，每天的短暂冥想和祈祷持续多年，自然就汇聚成一股强大的保护力量，渗透进房屋的砖瓦栋梁和整体氛围当中。

离家远行时，我们会留下更强大的守护。结婚伊始，我和太太萨布丽娜就开始这么做了。记得有一次，我们要离家去往一英里外的地方度假，萨布丽娜问我需不需要在房子周围增加什么特殊的保护装置。我知道这附近有几个小偷，他们入室行窃是老手，非常谨慎，会仔细查看周边环境以防被抓住。从能量学角度来看，他们是一群危险分子，凭借多年的偷盗经验，他们对环境气息很敏感，精于观察此道。所以，我设置了一种特定的防御方法来让他们望而却步。我以意念的能量建立了一个头戴钢盔的伦敦警察形象，他站在前后门和易碎的窗户那里，一只手挥舞警棍说："你被捕了！"

萨布丽娜听了后大笑，然后我问她有没有采取特别的防护措施。她点点头说，房子周围是一片大海，海里全是饥饿狂暴且痛恨窃贼的大鲨鱼。

最后，我们的家没有被盗（我们也锁好了门窗）。

12 爱的守护

还有一种方法是完全不同于守护策略的，这种方法也会给我们的心理上带来有趣的收获。

同样，它的本质并不复杂。如果一种能量或气息正朝你而来，那么你就可以直接向它发送一个相反的能量，使它反弹回去。

如果有人向你灌输消极想法，你可以用同样的消极想法把它弹回去，但这会造成更多的问题，因为两种负面能量叠加在一起会产生更多的负能量，更严重地污染心灵。与此同时，这些负面的能量还会影响其他人，这在道德上是不恰当的。从为你个人考虑的角度来说，你发出的那些负能量会吸引其他的负能量回到你身边，这显然不好。

所以，更具创造性的策略应该是用爱的振动波来回应，这是一种积极而有力的能量。实际上，爱的振动波是一种积极的、有创造力的振动波，爱的能量可以驱散那些试图侵害你的消极想法。

也许，这听上去有些虚伪，你怎么会去爱攻击你的人呢？
但是这种"虚伪"并非是被动或者愚蠢的，而是你对攻击者
予以宽恕的第一步。

这里所说的爱，不是狗狗让你来挠它肚皮的低级喜爱，
而是指成熟、强大的人在忍受够了那些不健康的生活态度和
消极情绪之后，为过上美好生活所付出的积极向上的爱。实
际上，爱你的敌人也是大有裨益的，因为这种爱可以摆脱冤
冤相报的模式，让你释放出自信和善良的人性光芒，意味你
的人生从此与真善美相关联。但是，这不是说让你去纵容那
些恶劣的行为，而只是用爱的力量去抵消负面的能量，这并
非懦弱，而是一种更加强有力的仁慈。

有两种不同的方法可以做到这一点。

（1）爱你的敌人

多年前，一位佛教徒教我如何爱我的敌人，我发现这对
于消除负面能量场效果显著。当你感觉到自己疑似遭受某些
能量侵袭时也可以派上用场。

练习方法

要注意一个特殊的手势（见下图），当然它并不是必须

做的，但身体语言有助于你快速进入状态。以右手拇指对着心脏，手指朝上，左手拇指靠着右手小指，手指同样朝上。心情保持平静，双脚紧贴地面站立。

我爱我的敌人

去感受你的"敌人"的所在，不要犹豫踌躇。发自内心地向他（她）传达出你的善意和爱。然后以绝对坚定的意念在脑海里一遍遍迅速地重复："我爱你，我爱你，我爱你……"这份爱就会迅速地以惊人的力量从你身上发出，围绕在他（她）的身旁。

这个练习最少持续1分钟，最好能达到5分钟，并且尽可能地反复练习。我希望，你在读这一段时，就能想象到这种练习所蕴含的强大力量。

我的不少学生做这个练习时有一些纠结，他们认为完全不可能让自己去爱上敌人，一开始就抱有抗拒心理，特别是一些遭受过严重虐待的学生。实际上，有一些技巧帮助大家克服这个障碍。比如：你可以把自己想象为一名演员，你需要全情投入，演绎好角色，当剧情需要你去爱你的敌人时，你就试着沉浸到这个角色当中去，把演戏当作是真的。试试看，然后感受这种新的方式。

　　当然，你可以换一种方式来看待你的敌人。把他们想象成小孩或者婴儿，想象他们赤身裸体地蜷缩在床上，脆弱得不堪一击，看看他们去掉表象后所暴露出的内心和灵魂。通过这种重新认识，他不再是浑身散发负能量的恶贯满盈之人，而只是一个软弱、不足为惧的人。此后，你就有可能向敌人投以爱的关怀。

　　（2）召唤女神

　　第二种方法更加女性化，但也需要我们有相当明确的目的性和强大的信心。

　　我们要保持宁静，精神集中，然后，让思维融入浩瀚的宇宙，美丽的宇宙散发出心旷神怡、温暖亲切的爱的气息。有时，人们崇拜女神，而不是上帝，因为女神带来的是一个温暖和爱的整体能量场，这是一种非常美好的体验，就像品尝到成熟多汁的美味水果一般甜蜜舒畅。

比如：印度教中的毁灭女神——卡莉，她就被众多人膜拜，她掌管人类的自然轮回，生命与死亡、创造与毁灭的不断循环。

要想获得女神的加持，在温暖与爱的能量场中汲取力量，那就需要用真诚的信仰来和女神沟通，祈求女神拥抱、支持和关怀你的敌人。祈祷最少1分钟，最好能持续5分钟，只要愿意，可以随时随地向女神祷告。祷告词可以这样说："万有之神，关爱和养育这世间所有的生灵，请用您所有的爱和力量帮助与拥抱我的敌人，让他（她）也沐浴在您和宇宙充满爱及关怀的光芒之下。"但如果要让祷告真正起作用，你必须真心实意，并且亲自感受到爱的力量。

13 保护他人

我经常被问到是否有可能保护别人，特别是爱人或孩子。这的确是个问题，因为对于我们是否有权去保护他人、让他们免受伤害，确实仍存争议。在第七章中我会着重介绍保护他人的道德和原则。

但是，爱在本质上的确是想要保护朋友、亲人和爱人，避免他们受到伤害。所以，你为他人做这些是否正确很难从思想上评判。而在你内心深处其实知道自己此举是否恰当，因为我们的潜意识里会有一个声音指引我们。一旦你确实决定了要给予帮助，你的心态应该是绝对纯洁和专注的。因为一旦你在帮助他人的过程中表现出焦虑情绪，或者这种保护其实属于过度保护，甚至你担心这种保护会不会影响他人，那么就请你放弃帮助的念头。因为你带着这种情绪施以帮助的话，那这些焦虑的振动波也会随着你的关怀传输给对方，结果难免适得其反，越帮越乱。

只有你处于一种心无杂念、宁静和谐的状态时，你才可以自如地运用之前介绍的几种练习方法来帮助他人；但如果你在试图保护别人时，心中泛起了任何的个人欲求或焦虑感，请马上停止，不要再存此种念头。一般而言，除非基于其他成年人的许可，否则你最好不要去保护他人。

换句话说，如果你犹豫不定，有所迟疑，那就打住不做。但如果你坚信此举恰当，也并非过度保护以及影响他人，那也请谨慎行事。当为了他人的利益有所行动时，你必须保证和大地之间有顺畅的能量转换，精神意志力全部回归身体，平稳有节律地呼吸，集中精神，以保证你传递的是正向振动波。

当然，最好的保护还是让你的家人自己学会这些基本的自我保护技能。有句话你别见怪：想要教会你的身边人，特别是你自己的子女，言传身教才是最好的办法，你自己要先做榜样。如果你的孩子表现出抗拒或者紧张，那很可能你呈现的就是这样。所以，如果你自己并未完全掌握如何处理能量工作的话，一定不要教别人如何做，或是去帮助他人。

14 如何在城市中愉快地生活

假如你久居乡间，乍来到大城市的时候心理往往不适应，甚至有些人会仓皇失措。我至今还记得，当我在隔绝现代化方式、不供应自来水和电的山间隐居两年后再次回到城市的那种焦虑和不适应，这让我很不舒服，我花了三个月时间才适应。

那场危机让我受益匪浅，我学会了如何在城市中生活得更愉快。我发现我之所以不适应的根源并非是因为城市的振动波，而是我们从山上所带来的美景记忆和大自然的振动波在新环境中被渐渐地剥离殆尽。

有一个行之有效的练习可以解决这些问题，这类似于我在上一章说过的明确自身所处地理位置的技巧。这个练习每天开展一次，坚持几个星期（比如四周），才能完全奏效。总而言之，无论你身处何地，这个练习都可以将你与自然和原野紧密相连。

练习方法

稳稳站立，感觉自己立于天地的中央，与宇宙进行能量交换，让你的意识漫游在东南西北各方（顺序并不重要）；让思维不断延伸，直至抵达一望无际的自然原野。比如，向北可达北极，向西可达大西洋，向东可达西伯利亚大草原，向南可达撒拉哈大沙漠。

让你的思维尽情畅游于广袤天地，上可达蓝天白云苍穹天顶，下可至大地穿行地心游历。

你就是天地的中心，你在心里大声地对自己说：无论我身居何处，皇天在上，厚土在下，远方有美景，身怀大能量，能量交融汇聚，我与宇宙有着密切的联系。

在城市中的你可以同样感知这样的连接，穿行于高楼大厦之间时，透过混凝土感受那种连接。当久居都市时，我们千万不要忘记维系这种连接，我们对自然的能量连接能增强身体的安全感，也能滋养心灵。

每天，至少一次，我都会刻意地做这种能量连接练习。在你过度劳累或压力巨大的时刻，可能需要进行多次连接。身处这个压力巨大的时代，你需要尽可能多地去户外或是公园活动。你会发现早起是很值得的，这样你就可以与大自然共度一段平静的时光。对于身边的大自然你要尤其注意，全身心地触摸大地，拥抱大树，包括花朵和绿色植物。

当我们感觉良好时，记住做这些事很容易；但是当我们压力很大时，坚持这么做就更重要了。

有些人买了指南针，这样做可以保证不管去哪儿都能明确自己的方位；也有人把指南针放在汽车的仪表盘或挡风玻璃上。一位居于城市中心的护士，她的工作主要是家访，于是她把整辆车变成了一个小避难所，车里摆放指南针和她喜爱美景的照片。每次面见一个病人之前，她都利用几分钟的休息时间来进行自己的小小仪式，她想象自己和四方空间的意念沟通与交换，为自己输送新鲜能量。她是一个很好的例子，证明内在能量工作如何有效地帮助城市里定居的人。

15 了解藏于内心的敌人

由于我们自身所存的心理阴影和被压抑的部分会偶尔出现，破坏我们原有的气场，所以了解自己内心的能量场是很重要的。当我们遇到不喜欢的气息时，并不一定是外部环境所致，问题很可能就隐藏在我们自己的能量和气场里。这需要详细说明，因为这是我们从事内在能量工作的最大陷阱。

从心理学角度来看，人的过去都曾经历或多或少的伤害，因为我们不愿意想起这种伤痛经历，所以创伤会被刻意忘记。但创伤并未消失，它们隐藏在潜意识和情感中磨灭不去，大脑的记忆不会真正忘却，只不过这些伤害被以能量气泡的形式保留下来，我们很难察觉。

你可以试想，小时候的你曾被某些人伤害，你不曾有机会痛哭释怀，向对方施以报复或者治愈自我。然后，这个伤痛经历就如无法释放的能量包一样存在下来留于体内，其中可能包含有恐惧、愤怒、怨恨等。意识虽未觉醒，却真实存在。

而且，终有一天你会发现，自己某时所处的情境激发了这种负面能量的显现。因为你并未意识到这种能量是源自本身的，所以你把它归咎为外界影响。

　　一些看起来毫无关联的小事可能也会激发你的负面能量。例如你遇到某个人，你发现他的心理价值观和过往经历都与你相似，他受过的伤也未曾治愈。当你和对方被压抑的创伤振动波之间产生了联系、接触，就很容易产生共鸣，然后激发出你的负面能量。我们的潜意识有趋利避害的天性，正如心理学的自我保护机制，我们小心回避的那些情绪可能会被相似经历的创伤能量激发。所以当你不喜欢一个人的时候，你可以问自己：这个人是否代表了你自己内心潜意识中的负面情绪？这是一个非常经典的心理学问题。

　　或者，你遇到的人让你记起曾对你施虐之人，这种回忆击垮你的心理防线，也激发了你那些往日被压抑的能量。

　　地球自转所带来的巨大能量能够震荡激发出那些被压制的能量源，比如地壳和大陆板块的各种运动与挤压。我遇到过一些去过英格兰西部格拉斯顿伯里突岩的人，他们将那里称为负面能量点，他们待在那里时的心情很糟糕。但实际上，这块突岩虽然暗藏巨大的能量，但它本身是中立的，无所谓好坏，它只不过是大自然能量漩涡释放至地表的一种能量呈现。如果来到此地的人心中潜藏着负面情绪，那就很容易被它激发出来。

所以，建立心灵安全屏障时需要特别小心谨慎，因为我们很可能是在压抑内在的某些东西，而不是在保护自己远离外界伤害。构建心灵屏障对处理人生的困境大有好处，但请别忽视那些未被治愈的创伤，更不要加剧这种伤害。

多年来，我在课堂上都会说自己天性敏感，不习惯去酒馆或小酒吧，即使要去，每次在进门之前我得先把自己放入保护气泡里。关于这点，我说了很多年，自己是很相信的，我的团队也深信我的说辞。但是某一天，我听着自己讲课的录音，我才意识到事实并非如此。

真实的情况是，在我十几岁直到二十多岁的青春期，我经常待在酒吧里，那时的我粗暴鲁莽。几年后，我开始从事能量工作，就把这些坏脾气压抑下来，但是我一直都没有意识到这些负面的情绪一直潜藏在我的气场里。当我走进酒吧时，酒吧那喧嚣的氛围就唤起了我心底的坏习性，让我感到阵阵躁动。其实，我感受到的不是那个地方的暴躁，而是自己被压抑的暴躁。

有一些听众曾向我咨询，诉说自己遭受到负面能量的侵袭，但实际上这不过是内在潜意识的反应。一位年轻的女士说她的房间里有个真实存在的坏人在骚扰他，她和这个人还有过对话。经过研究后我发现，这个所谓的"坏人"是她自己内心压抑情绪的呈现，这种压抑如此强烈，以至于变成一个生命实体。听过几次课后，她逐步开始和"坏人"对话、和他交朋友，最后确定这个"坏人"就是她潜在的另一部分。经过几个月的练习，这个"坏人"终于和这位女士融合在一起了。从那以后，她的生活回到正轨，再没有感觉到被骚扰了。

因此，在进行内部能量工作时，大胆质疑的态度是很重要的。我们的看法和见解可能永远不会百分之百准确，但如果我们愿意承认错误，我们就能发现真实的自我。我感觉我的头上有两个雷达天线，随时监测着里里外外的不实信息。朋友，你也可以试试。

本章开头时，我就告诉过读者，在这一章的开头，我提醒读者，心理保护的第一个策略是拥有一个健康的身体和神经系统，健康的人格也是必需的。当然，我们都会有自己的怪癖和神经质，但是拥有一颗强壮和坚毅的内心必不可少，还要有勇敢的自嘲精神和对敌人的包容之心，做好这些是确保心理健康的前提。

16　学会宽恕

　　宽恕和忏悔的力量也是非常强大的。就我的经验来说，在一些特定情况下，就算你和大地有很多的能量交换，得到很多的福佑或者制作出很强大的保护气泡，也无法阻止他人（敌人）与你产生接触，这可能会导致你的情绪不稳定。

　　出现这种情况的原因在于，你和他（她）之间有着某种深层次的隐秘联系。按照东方宗教的概念来说，你们之间有业力。这些纠缠着的业力或者冲突可能由一些被你遗忘的行为、事件或语言所导致，它甚至有可能是你的家人或祖先的行为所致。

　　家族其他成员做出的行为，却要你来承担这个后果，这似乎不公平，但是俗话说：父债子偿。虽然过去的罪恶都不是你犯下的，但是如果犯下这些罪恶的人和你有血缘、遗传或亲属关系，那么也就与你有关。你可以以忏悔来弥补那些过错。

夏威夷卡胡纳教（kahuna）的传统教义当中就表明了这个意思，当然别的宗教也是如此，就像基督教的宽恕，还有佛教的慈悲。卡胡纳教教义里表达"宽恕"的含义，用单词来概括就是"ho'oponopono"，对于不懂夏威夷语的人来说这单词看起来很奇怪，但学会宽恕却并不难。

练习方法

首先，以你的超脱意识和哲学幽默感来审视整个痛苦的情境，然后，带着真诚和谦卑，但不要心怀内疚、羞愧或自我蔑视的情绪，说出下面这段祷文，献给宇宙、上帝、灵魂，献给你信仰的伟大的神：

这是我的罪过。

我很抱歉。

原谅我。

我感谢这些教训，感谢有补过的机会。

这篇祷文威力强大，我知道这听起来有点迷信，但从另一个角度来说，它具有强大的心理暗示力量，而且我也听到过很多它如何带来积极改变的奇妙故事。对于那些被负面情绪压迫和困扰的人来说，这可能有点不可思议。但我自己在别的方法都无济于事的情况下，就多次尝试过这种方法。我真正鼓励你尝试一下，可能会有立竿见影的良好效果，最起码会让你的心态变得更包容，更富有同情心。

第四章

清除负能量

移动和摇摆你的身体可以释放你自己冻结的能量，就能
摆脱外界强加于你的负面能量

1 让健康的能量流动

健康的能量是流动的能量。

20 世纪 80 年代，美国和加拿大边境有一个小湖，因附近工业废水的肆意排放，湖水遭到了严重污染，这被认为是一场灾难，可能需要一百年的时间才能恢复。为了防止湖水环境进一步被污染，当地政府进行了立法，并让湖水以自然的方式流动。5 年之后，被污染的湖水终于恢复了洁净。世界上有无数的湖泊和海洋，都面临着类似的污染，这种水域的自我净化方法是可以进行推广的。

由此可见，流动是能量的天然状态，上述提到的污水净化，就是一个很好的例子，如果允许水自由流动，那水就可以实现自我净化。鲁道夫·施泰纳（Rudolph Steiner）是人类生理学的创建者、精神导师，他的学生甚至已经开发出一个水净化系统，它没有任何过滤器，纯粹依靠各种螺旋和漩涡来让水流动，从而达到净化的目的。

住在城市里的人，往往对清晨第一缕阳光所产生能量流颇有感悟，它能让整个街道焕然一新。

研究能量的专家们心里很清楚，人体健康最大的秘诀之一，就是"生命在于运动"。让能量流动是净化的最基本技巧。当我们发现某些东西需要净化时，通常会发觉滞留在其中的气息，比如房间、衣物中的灰尘。在我们的生活中，所有的固体材料都会留存气息，因为它们的原子结构中有空间，这个空间可以吸纳特定的物质和振动波。所以，如果我们想抹去那个振动波，就必须进入物体、场所或者人的内在空间当中，彻底地把它去除。

所以，如果我们把重点放在基本原则上，我们就能够合乎逻辑地进行心灵净化。气息一旦被困在某个空间中，那就需要运动起来才可以继续流转。

然而，有的人会担忧，如果用这种办法释放气息，负面能量将会污染地球。实际上并不是这样，在几乎所有情况下，能量一旦流动起来，它就会变得健康。在第六章中，我将会就负面能量的个案进一步与大家展开讨论。

2 做好准备工作

在你净化某个空间的时候，一定得注意自己的心态，因为你的心态会直接影响你的工作。打个比方，一个人如果讨厌做家务，或者不情愿做，他们就会抱怨家里的气氛不好。可是他们不清楚的是，每一次怀着怨念打扫房间时，他们会把不愉快的情绪散发到房间的各个角落，这才是他们不愉快感受的根源。

所以，解决这个问题的基本技巧还是平心静气，如果你想要一个感觉良好的家庭氛围，那么你打扫房间的时候就必须带着一种愉悦的心态来做，否则你就会破坏整体气氛。

练习方法

在清理任何空间前，先平缓情绪，然后走进房间，安静地坐下来，让自己放松，感受与大地能量的交换，引导自己的呼吸达到一个舒缓的节奏。当你平静下来的时候，让自己感受身边的空间，感受它内在的生命和意识。

睁开眼睛，看看四周，望望地板、墙壁和天花板，熟悉眼前的一切。

时间充裕的话，每打扫一个房间，就安静地按上述流程过一遍。如果时间紧张，就先安静地坐在一个房间里，然后起身慢慢地在整个房间中走动，观察房间的每个角落，每个缝隙，打开每个橱柜，每个门，当然还要看看楼梯下面和阁楼。

通过这种练习，你可以将你的意识完全带入你和其他人工作或生活的场所（如果你有时间和计划，可以在一个即将举行重要会议的房间来尝试一遍）。通过让你的意识在空间中游走流动，来确保你能以正确的心态和正面的振动波实现真正的净化。这只是一次花费半个小时的投资，却能给你带来巨大的收益。

快速地净化空间里的气息，然后你就会发现你的空间迅速变得明亮清新。

3 做好物理清洁

如果你熟悉了空间环境，你就可以考虑下一步到底要做什么了，这都是些非常实际的工作。在一个本身就很脏乱差的空间里做能量净化是很难奏效的。比如，有一些老房子，墙上贴了好几层墙纸，沾染了几十年的气息，最好就把它们全部剥离；又比如，房间里有一层脏兮兮的旧地毯，不要抱怨，最好直接扔掉，甚至地板也要全部换成新的。

理论上，即使在一个很肮脏的地方也可以注入正面的振动波，但是至少得花一年以上的时间，最关键的是，你得是这个世界上最善良、最放松和最专注的圣人之一，那样你的美好振动波才能辐射到这个地方的原子结构当中，实现净化。但我们多数人不想住在肮脏的地方，我们需要干净的环境。

对于大多数人来说，做清洁工作是件很令人头疼的事，如果我说清洁工作需要带着享受和爱的态度去完成，很多人都觉得这是胡言乱语。如果你也是这样，那不妨试一下这个富有想象力的练习。

练习方法

在这个练习中，你要放松并闭上眼睛。然后想想你家里最肮脏的地方，这通常是冰箱或炊具后面的油脂。把你的注意力集中在污秽的油脂上，具体集中到构成污秽之物的一个碳原子上，比如黄油之类或者其他什么东西。

你需要先接受这样一个事实：油脂中的一个单原子就像一个小太阳系，有着发光和移动的能量粒子。它容光焕发、美丽动人。单一原子的魅力是那么让人印象深刻，它甚至非常的讨喜可爱。

在这个练习中，你通过关注单一原子而逐渐去接受脏东西并产生喜爱。由此，当你再去观察整块的污秽之物时，那块油污就不再像以前那般令你恶心而不愿意去接触了，它变得可爱，也能够被你的爱意净化。

如果你请人来打扫、修缮或装修，那他们对工作的良好心态也同样重要。我曾委托朋友帮我装修房子，但我发现他请来的工人总是在我的卧室里播放重金属音乐，彼此之间也争吵不停。我觉得我平时在处理人际关系时已经够疲惫了，如此一来，我就不得不考虑卧室墙壁所吸收的负面振动波。还好，我这位朋友能够理解我的想法，不再喧哗，也不再聘用有怨气的工人，而是尽量找那些心平气和又友善的工人。

4 使用振动和芳香

对一个地方进行彻底的物理清洁要利用振动来去除那些负面气息。振动是通过清扫、拖地、敲打、擦拭和吸尘自然产生的，所有这些都直接作用于地板和墙壁。在大扫除时，要把窗户打开，让空气流通，就可以把负面气息驱除出房间，让它们消散在广阔天地里。通过净化空间里的空气能清除负面情绪。

练习方法

通过有意产生振动，可以帮助进行物理清洗。例如：在地板上跺脚或者拍打地板和墙壁，尤其要好好拍打窗帘、床垫、靠垫和软座这些位置。再比如：如果你经常需要在会议室里上课或者开会，那么要注意：会议室里的椅子特别是软垫椅子上往往会残留前一批人的气息，此时，打开所有的窗户、摇晃椅子并拍打坐垫是除去这些气息的好方法。实际上，最好的办法是把椅子都拿到外面，在新鲜的空气里摇晃和拍打它们。

我有个朋友，好客热情，她的家里常有访客留下过夜。在客人走后，她净化客房气息的方法着实不错。她打开全部的窗户，放一些喧闹的重低音音乐（勃拉姆斯的曲子或摇滚，看她的心情而定），将羽绒被都挂在外面，用网球拍把所有客人用过的物品都重重拍打一遍，包括床垫也要翻面。即使已经80岁，她也会坚持这么做，因为这种坚持，所以，每当留宿她的客房，我都感觉空气清新，令人愉悦。

　　声音可以用来在任何房间或物体的空气和织物中制造振动波。比如，教堂风琴发出的轰鸣低音就是一个很好的例子，它可以净化空间里的振动波。同样地，藏族僧侣使用3米长的喇叭、伴随叮当作响的钹、铃铛和充满活力的吟唱，一起来制造清洁的振动波。你可以使用任何你喜欢的声音来制造振动波，但是你要确定它的振动足够强烈，能够在房间或物体中产生共鸣，并且能够真正地激活那些停滞的能量。甜美的曲调和童话般的钟声可能无济于事，但鼓和风笛发出的声音就很有效。

　　有些香味也具有活力，同样可以净化空气（不同的气味有不同的振动波，就像声音一样）。其中有些气味，比如薄荷、薰衣草和松木，因其强大的净化功能而在市场上广受欢迎。檀香木是东方常用的净化气味的物品，美洲原住民则燃烧鼠尾草——就是在西方商店中售卖的"烟熏杖"。这些气味都能产生强烈的振动波，可以驱散阻滞的空气。

使用气味，如精油或薰香，不需要任何仪式。你只需要点燃它们，香味自然弥漫在整个空间。你可以一开始就打开窗或是在最后才打开，这都没有问题。并且，你可以同时使用声音和气味来完成净化。

驱除凝滞的气息时使用圣水也相当有效。我将在下一章讲述如何制造圣水和祝福的一般原则，这些原则在清理和净化时会持续用到。

5 盐

　　盐具有惊人的特性，能吸收空间里压抑或"沉重"的振动波。当我们把盐裸露在空气中时，它会吸收空气中的水分。同时，它还能吸收一般的负面振动波。我不了解其中的运作原理，但它确实做到了。晶体这种吸附气息的普遍特性也被人们很好地加以运用，最初的无线电和电话听筒里就有晶体的存在，这样有利于捕捉无线电的振动波。

　　有些人经常在房间里放碗盐，几天更换一次。在经历争吵后或者有麻烦上门时，他们也会放一碗盐。

　　有段时间，我儿子很喜欢结交一些玩涂鸦和玩滑板的朋友，那段时间，我习惯在门口放一碗盐。当他和那群吵闹喧哗的家伙一起进入家门时，我并不喜欢他们所散发出的嘈杂振动波侵入我家，我希望用盐来净化一下。他们都是看着《星球大战》和其他魔幻故事长大的孩子，对此事并不反感，他们把双手放在碗里，让盐吸收掉他们躁动的能量，反而感觉很酷。

因为晶体非常容易吸收气息，所以净化晶体需要特殊方式，有几种方法可供参考：先在盐水里浸泡几天，然后将它它们埋进土里，让大地本身的循环带走那些不好的气息；或者把它们放在盐水里，让流动的盐水吸走负面振动波。

6 稳定气息

如果一个地方刚刚举行过紧张的会议或者喧闹的派对，那此处场所的气息一定受到了干扰，重新稳定气场是很有必要的。有个行之有效的简单办法：将代表地球四大元素——土、水、火、风之一的物体放在房间的角落，就可以净化这间房子或者整栋房子。如果你在卧室里发生过争吵，或者有一堆吵闹的人在房间里待过，也可以用同样的办法进行处理。

练习方法

整个过程无须太过谨慎，也不需要任何仪式，你只要带着一个代表四大元素的东西，把它大致放在空间的四个角落。如果空间是 L 形的，也只需把物品放在几个角落就行，不用担心对称的问题。

土。你可以用一小杯盐，也可以用石头、晶体或泥土。

水。 用一杯水。

风。用燃烧的香，上升的烟雾代表风，可以用羽毛或扇子来强化效果。

火。蜡烛或油灯。可以用明火，不能用明火的时候可以用红缎子或红色的铝箔。

把这些物料放置好的几分钟内，你会发现气息开始稳定下来。很多怀疑论者对此事持怀疑态度，认为这不会有任何效果，但是我鼓励他们试试看。经过尝试，他们发现空间气息的变化很明显，感到十分惊讶。

最好把这些物料放置至少几个小时，甚至几天。不用担心香料烧完，可以每隔几小时再点新的。当你决定清理物料时，可以把盐和水冲入下水道，或者撒在花园里。

这个特殊的体系与四大元素和角落密切相关。在东方传统中，人们经常使用五大元素：金、木、水、火、土，并将特定的物体放置在特定的空间区域。你可以在任何一本关于风水的书中找到这种放置方法的细节，中国人将这种与能量和气场相关的布局称为风水。

7 净化自我

　　让自己的身体动起来，就和通过制造振动波来净化房间的效果一样，能够释放你体内淤积或死板的能量，这与精神保护和心灵净化同样息息相关。因为当能量在人们的身体内停滞时，他们往往会感觉到遭受能量攻击或是能量蒸发。所以，移动和摇摆你的身体可以释放你自己冻结的能量，也能摆脱外界强加于你的负面能量。

　　我来举个能量停滞的例子。当你遇到一些人，他们的气场让你感觉到威胁或者挑衅，因为条件所限或是你的性格原因，你没有进行明显或直接的反击。然而，当你离开之后，你会感觉很糟糕，胃部或腹部神经紧绷，肌肉酸痛、头痛，身体发沉，精神疲惫。你会后悔没有保护好自己，当你感到受伤时却为时已晚，在很大程度上，你会感受到焦虑能量所带来的痛苦，这种痛苦已经侵入你的身体内部。如果你想摆脱，就一定要让身体动起来，你可以摇晃、伸展、跳跃、弹跳、四处走动，任何一种能让身体抖动起来的动作都行。

从心灵的健康维护和净化这一角度来说，人们应该意识到，经常活动身体是很有必要的，对精神健康和心理健康都有好处。如果你不经常活动身体，那么体内的能量就会停滞，从而导致痛苦。

活动身体能放松并释放停滞的能量，这能给人带来很大的解脱。我所认识的很多人，他们以为自己是遭遇到复杂的心理和能量问题，但其实他们需要的只是摆动身体，那种大幅度的摇摆。如果你参加一个令人不快的会议后，找个没人的地方，让自己来一个彻底的全身摇摆，让你的手、肘、肩膀、头、躯干、臀部、腿和脚全都晃动起来。你可能会对这些摇摆带来的释放感到非常惊讶。

你可能还想尝试发出有趣的声音来释放自我，比如尖叫、喘息和呻吟都是减少紧张感的老办法。当我的搭档主持工作时，她经常会在团队中感受到紧张的气氛，这时她就会发出一声尖叫来释放压力。她会对团队成员说，凡是想通过尖叫来减压的人都跟我来，然后她和她们一起出去，一起尖叫，之后每一个人都变得平静了。

还有一些用声音进行净化和治疗的传统方法。比如：印度教中的"AUM"发音，能够与周围的气场产生共鸣，进而释放身体内阻滞的能量。花一分钟左右念唱"AUM"，配合全身的摇摆运动，效果会很好。

自来水也很有用，它以一种流动的能量，清洁、冲刷和排出凝滞在体内的心灵黏液。大家可能知道，医生和治疗师们常常会在接待病人的间隙洗手。一方面，洗手有助于保持卫生，同时流动的水也能帮助他们冲走前一个病人留下的负能量。接待病人之间的这种小停顿也可以让医生获得平复心情的机会，和大地交换一下能量，避免分心。

我曾与上百位医务人员、治疗师和咨询师一起共事，我想正是在接待每个客户之间的一分钟短暂休息才让他们不至于情绪崩溃。这一刻，他们可以为自己的心灵健康做一些小练习，即使只是打开窗户和伸展身体。当然最好是多花几分钟，可以开窗、伸展和摇晃身体、散步、洗手，安静地坐上几秒，以便重新集中精力。

这种方法对商业、服务业等与人打交道的行业从业者来说都是适用的。对于那些经常参加会议的人来说，最好能够在会议的间隙进行一下心理净化。办公室人员或是固定在一个地方工作的人则应该每隔几小时出门去溜达一下，不仅是为了舒展筋骨，还可以让你的能量保持流动，净化自身的气场。这是一种简单易行的自我保护方法，它能防止你筋疲力尽。如果你真的很懒，那起码可以站起来看看窗外的天空和云。

晚上回家，如果你发现白天带来的负面能量还在，那你就要赶紧想法摆脱。脱掉你的工作服，洗干净，或者将它好好地抖一抖、通通风。舒展一下筋骨，摇摆几下身体，然后洗个澡，让身体沐浴在清新的空气里，让水或空气将一天积攒下来的负能量带走。如果你在浴缸中泡澡，可以用一点带净化功效的精油或者点燃一炷香，让烟雾萦绕着你的身体。不要忘了洗头发，洗完再捋一捋，甩甩头。

8 体验独处的乐趣

对于自我气场的净化来说，还有一些很重要的事项，那就是确保你的能量场当中没有其他人来干扰。个人空间感是一种很正常也很健康的心理需求，在没有他人干扰的情况下，你才能真正感受自己的能量场，并且重新找回能量的平衡。

如果你的生活空间总是被他人挤占，比如你是父母或保姆，你需要保有适当的个人空间。你或许觉得这是不可能的，但总有一天，当你突然拥有一片宁静的绿洲——在浴室里，所有人都在看电视时，洗衣服时，在公园里推着婴儿车时。这些时刻，即使只有一两分钟的时间，也能为你提供宝贵的净化心灵的机会，前提是你要懂得与大地交换能量、利用呼吸让自己恢复平静的基本技巧。

几年前，一位单身母亲曾带给我启发：她有意识地推着婴儿车，载着宝宝外出散步，感受脚下的土地，让舒缓的呼吸让自己变得平静，感受身体一点点被净化。她特意在大树附近或树下逗留，感受树植根于大地的力量。通过这种方式，她将自己从疯狂的压抑中解救出来。我也认识另一位女性，她很容易受外界影响而产生情绪波动，但她的聪明之处在于，她会经常远离人群，去水槽边洗一下玻璃杯，感受流淌的水浸入大地，以此净化自我。我认识一些成功的商业人士，当他们身陷激烈的会议时，会把视线移到窗外，投向广阔的天空，那一刻，他们营造了一个属于自己的精神空间，当注意力重新拉回时，他们再次变得精力充沛。

所有这些净化心灵的技巧可以通过使用下一章所描述的祝福技巧得到强化。

第五章
祝福的力量

祝福就是帮助和鼓励生命实现其潜能的转换和爆发

1 什么是祝福？

　　理解祝福最好从它的定义开始。祝福就是帮助和鼓励生命实现其潜能的转换与爆发！我相信生命的各个方面都有其独特的本质。万事万物的变化和发展，其目的就是为了实现自我。祝福某人或某物，就是把你的正能量传递给其他的人、物体或空间，促成一个更好的结果。祝福的力量源自于无条件的爱。

　　祝福就是有意识地进入你自己的心灵世界，让你达到最美好、最有爱的心境，然后对外界施以无条件的爱。当自爱和爱人的能量场融为一体，就会形成强大的力量，把爱传递至四周或者某个特定的场域。

　　这听起来可能有点玄乎，但其实每个人都能做到。在某种程度上，无论好坏，你总能无意识地将能量传递至外界。祝福，就是有意识地传递良善的振动波。事实上，当你平静、放松和踏实的时候，你自然会散发出祝福的力量。比如，当人们走进教堂或者图书馆时，他们会感受到一种祥和宁静的气氛。冥想和祈祷的地方可以产生美妙的氛围。

祝福所带来的净化和改变空间氛围的力量有非常实际的用处。我曾和一些社会工作者共事，他们用祝福的技巧改变和帮助了许多家境贫寒与深陷家暴困境的家庭。我也认识一些人，他们用祝福的方法维系工作环境的清净、美好。还有一些老板，也会用祝福的力量来提高生产效率，优化员工的办公环境。也有很多人用祝福让同事之间关系更为融洽。我的妻子第二次参加驾考时，用祝福清除了等候室里阴郁焦虑的氛围，她认为即使考试没过，她也可以为其他来参加考试的人创造一个更好的环境。结果，她通过了考试。

2 祝福自己

人们在内心平静的时候，会自然而然地散发出一种愉快的气息，这跟平静向外辐射的力量有一定关系。但更主要的原因在于，平静能让核心自我的能量激发出来。通常情况下，我们的思想和情绪的活动过于活跃与敏感，以至于无法感觉到我们核心自我的振动。

施以祝福的前提是，你对核心自我的概念有比较充分的理解，知道核心自我拥有强大的力量。

人的个性和情绪能改变振动波，正所谓"相由心生"，坏心情会发出负面的振动波，好心情能发出正面的振动波。但是，我们所有人都有一个核心的自我，一个内在的自我，它本质上是一股积极向上的能量，正所谓"人性本善"。

有一个很普遍的现象，每当人们的感情和思想平静下来的时候，他们会对自身产生一种别样的体验。诚然，当一个人心情平静的时候，会感到身心放松，但其实除了轻松，平静还能带来另一种更深刻的幸福感，包含智慧、接受、宽容、开放、仁爱等，当我们体验到这种感觉时，也就回归到日常自我和社会属性表象之下的本我状态。

我们的核心自我有一个令人愉悦的能量场，它永远保持充盈的状态。它非常微妙，在日常生活当中我们很难感觉到它，但当我们平静和放松的时候，我们就能觉察到。核心自我——也被称为灵魂、更高的自我、内在自我、灵魂、内在基督、阿特曼、多维自我等。关于核心自我的真正定义，有很多宗教方面的争论，比如它是否会转世，它是否会消失，它是否是我们肉身的一部分等。在这本书中，唯一需要知道的是，核心自我有一个奇妙的气场，并且自然地与宇宙的仁慈能量相连。

如果你去那些每天都能保持静坐习惯的人的家里，你就会感到安静祥和的气息。事实上，一些冥想老师认为，如果邻居当中有几个静坐修心之人，那么整个社区的居住氛围就会变得更加美好。

虽然核心自我的气息相当微妙，但是人们有时也会体验到核心自我的内在之美，这是一种无法抑制的本能感觉，可以随时随地在不同的人身上出现。当这些人体验到核心自我的能量时，会有种瞬间被美好和幸福淹没的喜悦之情。这种感觉可以在冥想、祈祷、跳舞、看风景、做爱、喂养婴儿等过程中获得，这些都是令人无法抗拒的美好体验。然而，大多数时候，我们只需要有意识地放松自己的身体和心情，就能感受到内心能量的涌动。

我认为人们应该尽各种努力来获取能够感知核心自我的经验，用全身心的投入来感知核心自我的能量。不妨回到最初的练习：让你的身体与大地连接，实现能量交换，让你保持冷静。想象你在做一件很美好的事情，你的身心沉浸于其中，此时，你的思绪开始变得舒缓，身体也变得很放松。举个例子，你以一种非常放松和舒适的方式看着电视，这时关掉电视，让这种放松和舒适的感觉继续向内心深处蔓延，进入更加彻底的放松。

做那些能让你感到舒适放松的事吧，比如点燃烛光，洗一个泡泡浴，再给自己按摩一下。多做一些这样美好的事，感受美好，然后让美好的气息向周身散发，祝福自己和周围的一切。更简单的说法是，保持好心情，让你的核心自我向外发出美好的振动波。

3 宇宙的仁慈能量场

虽然人类在几千年的历史当中创造了一些令人不快的气场，但宇宙中也充满了爱与善的巨大能量场。与充满无条件的爱、启迪、智慧和喜悦的宇宙海洋相比，人类所产生的消极情绪可以说是微不足道的。从来没有人在得到宇宙能量的加持之后还会感到沮丧或不安。几乎所有宗教对于宇宙的体验都是爱与美好，无论是哪个维度、哪个层次的宇宙能量场都能带来这种体验。

每个人在生命中的某个时刻，都会体验到这种爱与美好。只不过，对于普通人来说，这种体验往往转瞬即逝，而那些真正的修行者却能始终与宇宙能量场保持联系，他们对芸芸众生之外的事物有持续的认知，这正是连接地球和宇宙的桥梁。只要我们静下心来，充分体察生活中那些灵光乍现的时刻，我们也能成为一个合格的修行者。

当我们祝福时，我们要有意识地将自我与宇宙的仁慈能量连接起来，并将这种力量引导到某个特定的区域。

4　祝福的基本技巧

当你平静的时候，你浑身会散发出令人愉悦的能量，但如果你期望针对某个特定的事物来祝福，那就需要集中你的能量，指向你想为之祝福的事物的内在原子结构，这样才能获得更好的效果。

最直接的方法就是将你的手放在特定的物体上，向它发射祝福的能量。在全球各地，通过手掌和指尖触碰来祝福事物的方法很常见。当然，祝福也可以通过身体其他部位来完成，但用手是最简单、效果最明显的方法，因为手是传递祝福能量的天然管道。

练习方法

在正常情况下，大多数人能感觉到手掌和指尖发出的热辐射。放松，闭上眼睛，伸出双手，想象自己对着大地祝福，你应该就能感觉到它们发出的非常轻微的热度或刺痛感。

如果你将双手面对面地放在一起，像祈祷一样，但相隔一英寸，不接触，你也可能感觉到能量在它们之间嗡嗡作响。有些人甚至可以看到他们双手之间能量流动时所发出的闪烁光芒，就像他们可以看到一棵树闪闪发光的光环或在空气中闪闪发光的能量因子一样。

如果你对这种能量不是特别敏感，不要担心，继续做祝福的工作，就好像你真的能感觉到它一样，过一段时间后，你将逐渐体验到它的存在。

此刻，你有意识地让自己平静下来，放松下来，保持好心情，你就可以散发出这种美好的气场。你也可以有意识地引导美好的能量通过你的手进入任何物体。

这是祝福的第一步。营造一个好心情，并通过你的手来传递正面能量。这不需要费时费力的准备。大多数人可以随意转换到好心情，并维持几秒钟或几分钟。

无论你的心情或状态如何，无论你身在何处，无论你的周围是什么，请有意识地、发自内心地绽放出一个微笑。这种源自内心的微笑会给你的胃、胸部和头部带来能量的变化，使你感到温暖。

还可以尝试另一个简单的练习。如果你想要一个物体散发出正面的振动波，那就拿起它，以友好和热情的态度看着它。闭上你的眼睛，冷静下来，让自己拥有好心情，并让这种美好的情绪通过你的手辐射到物体上，持续祝福15 ~ 30秒，然后放开它。

你会感觉到那个物体吸收了你的振动波，你也可以再做几次同样的动作。当你祝福一个物体的时候，你可以触摸它，也可以让手离它一英寸远。你可以不断尝试，直到找到最合适的祝福方法。

人体的心脏部位也可以散发出一种天然的祝福之光，可以用来祝福。有时我把一个我想祝福的东西放在我的胸前口袋里，放上一整天，然后有意识地让我的心向这个物体发出祝福的力量。

5 摆脱尴尬、恐惧和怀疑

只有自身体会到祝福的力量，才会对此深信不疑。起初，几乎每个人都会怀疑祝福到底有没有？或者这只是一种幼稚的想象。很多人在伸出手进行祝福时会感到尴尬，一部分原因是出于羞怯，还有一部分原因是他们觉得这通常是牧师才会做的事。人们或许会觉得自己没有资格去做这样"神圣"的工作，这等于是在自取其辱，甚至有人害怕这种越俎代庖的行为会招致教会和寺庙的惩罚。然而，祝福是所有人都能施行的自然行为，不是只有教会里的牧师才能去祝福。能量和祝福是无处不在的。

116

6 让祝福的力量更加强大

如果我们能积极利用宇宙中蕴藏的巨大能量，那必然会强化我们祝福的效果。通过与宇宙能量场保持深入紧密的联系，你就能在施以祝福的时候源源不断地汲取能量。建立这种联系并非难事，试想一下，当你专心思考某件事的时候，你实际上就已经和这件事之间建立了一种充满活力的联系，并且会与之产生共鸣。所以，如果你有意识地引导你的思维去关注宇宙能量场，那么你就能与宇宙能量场建立联系。有些人可以通过神灵在自我和宇宙之间建立联系，有些人则通过将意念集中在某个特定的精神概念、地点或符号，来实现与宇宙能量场的沟通。

通过不断摸索，你最终会找到一种最适合你的联系通道，用来建立与宇宙能量场的连接。一旦开悟，你会惊讶地发现，这种连接是非常快、非常简单的，就像灵光乍现，但是要将这种连接维持超过1分钟却不容易。好在一般只需要几秒钟就能完成祝福的工作。

充满爱的宇宙能量场通过头顶和心进入。

如果你将注意力集中在心脏和头顶部位，与宇宙能量场的连接就会更加简单，因为这两个部位是能量交换的入口。接下来，我会解释为什么能量连接的时间会这么短，在此之前，我们先回顾一下祝福的基本方法。

练习方法

保持安静，感到自己的身体和大地融为一体，能量在天地之间进行交换。

一定要深爱心中的祝福对象，让它们沉浸于你亲切的、挚爱的气息中，滋生出美好的情绪。

接着，将注意力集中在心和头顶，你可以直接或者借助图象与宇宙能量场进行连接，感受能量源源不断地输入你的体内，然后再将手放置在你想要祝福的事物上，将能量传递给它们。

还有一些简单的练习方法，能让你在能量传输过程中感到舒畅。

（1）保持美好心情，建立能量连接

在前面，我建议过你要努力调整好情绪：无论你处于什么样的情绪或心理状态，无论你在哪里，无论你的周围是什么，都要有意识地绽发自内心的微笑。这发自内心的微笑会给你的胃部、胸部和头部都带来美好的改变。再做一次同样的练习，但是这次，你不但要调整好心情，也要去感受宇宙之美。

练习方法

调整好心情，想想清新可爱的大自然和星光灿烂的夜晚，感受爱在宇宙天地间自由流转，只需短短几秒钟时间，你就能与充满仁慈之爱的宇宙产生共鸣。试试吧！

获得感人肺腑的心动，这样的心动会让人终生难忘。

（2）利用美好的记忆

回想曾经的美丽时光，回想曾经偶遇的生命中的奇迹，这些美好的回忆可能只是在脑海中短暂地浮现，却也足以帮我们建立自我与宇宙之间的联系。

认真回想某件美好的往事，回忆所有的细节，尝试一下，看看你是否还能再次感受到当时的那种美妙，放松身心，露出一个温暖的微笑，让那种温暖的感觉贯穿你的全身。回忆时要保持完全的平静和放松。

定期做这个练习。

（3）打开连接的门

人和宇宙的连接往往要通过一扇灵性的门。作为个体而言，你要找到对你最有用的那扇门。那扇门可能是一个符号，比如十字或者五角星；或者一个地方，比如爱奥那岛、格拉斯顿伯里或与你的内在精神联系的某座山；或者一个神祇，比如耶稣、佛陀或圣玛丽，它代表着你内心所认同的神圣和美丽。

练习方法

现在，闭上双眼，放松，调整好情绪，露出发自内心的微笑，在脑海里慢慢想着那些符号、地方或者神祇，让它们的形象在脑海中逐渐生根发芽，越来越清晰。在此过程中，确保自己处于完全放松的状态，感受自身与大地之间的能量交换。然后将脑海中生成的意象或感觉放置在身上的不同部位。比如，你想的是基督，那就把他的样子或你对他的感觉放在你的心里，放在你的腹部神经丛，放进你的眼里，放到你的头上。你会发现，随着意念当中的基督在你周身的移动，你身体各个部位的感觉也会发生变化。

做这个练习时要抱有轻松和有趣的心态，不要有压力，不要让自己感到紧张，心中不要有羁绊。

接下来，把你意念当中生成的意象放在心脏或者头顶，或者同时放在这两个地方。当人们第一次把意象放在头顶时，通常会给眼部周围带来紧张感，有时还会引起头部的胀裂感。这是正常的现象。因此，如果你出现这些感觉，不必担心，让身体与大地继续保持能量的交换，调整放松自己的呼吸节奏。这是一个动态变化的过程。

平静地与大地保持能量交换，保持心情愉悦，让呼吸变得轻柔，把代表你灵性之门的意象或感觉放在你的心脏或头顶上，看看你在放松的状态下能够集中注意力多久。注意这个意象所带来的感受，感受你的灵性之门正在逐渐打开，开始与外界的能量进行交换。一般来说，这个意象是由外向内水平进入你的内心，由上至下垂直进入你的头部。对于大多数人来说，把意象放置在心里会觉得更加舒适，但对于有一些人来说，他们可能觉得放在头顶上更容易集中注意力。这两种方法不妨都试一试。

　　在进行意念想象时，你可能会感到头晕，做白日梦或者发困。这是因为你没有正确地与大地进行能量交换。所以，回到第 2 章的练习，请双脚接地，感受身体与大地之间的能量交换，你也可以借助大地的力量来增加祝福的力量。

　　对于不同的人来说，做祝福工作时的感觉有强有弱。对于那些感觉并不敏锐的人来说，他们可能会怀疑祝福到底有没有起作用，如果你属于这一类人，那么请耐心地坚持下去，并且随时注意那些细小的改变。

　　就生理结构来说，心和头顶是核心自我与宇宙进行能量交换的高效桥梁。同样，胃以下的区域与性能量相连，腹部神经丛与情感相连，大脑与精神活动相连，这些都是人类作为一个能量体的工作方式。相对来说，心和头顶是最容易传递能量的部位，所以将心和头顶作为灵性之门的入口是有充分理由的。

7 开始练习

现在，你可以开始你的祝福工作了。

练习方法

保持安静，抱着亲切和善的态度，通过你身上的灵性之门（头顶和心脏）与宇宙能量场连接，让能量传递进你的身体和手，并对事物施以祝福。

你可以先从祝福蜡烛开始，当祝福的力量进入蜡和灯芯，蜡烛的每一个原子和分子都充满了祝福的气息，当然，这只是一种有趣的感觉，并不是肉眼能观察到的。你只需要坚持15 ~ 30秒，就能拥有一支充满了祝福力量的蜡烛，当你点燃蜡烛时，祝福就会从火焰中不断散发出来。

或者，你也可以给香薰施以祝福，这样当它燃烧的时候，散发的香气当中也会蕴藏祝福的力量。又或者，你可以对将要吃的食物或用来擦洗地板的水施以祝福，原理是一样的。

8 宗教激进主义者的批评与恐惧

祝福的能量往往会受到从事这项工作的人的个体特性的影响。一些宗教激进主义者认为，一旦祝福受到个人意志的左右，那就有可能带来负面的能量，甚至有可能被坏人用来召唤恶魔，就像好人召唤耶稣和圣玛丽一样。

从逻辑上来说，这种可能性的确存在，负面的情绪的确能形成不愉快和消极的气氛。为了让祝福的能量健康流动，我们必须让身体与大地保持能量连接，轻缓地呼吸，放松，保持心情愉悦，不要有强烈的欲望和野心。在这种状态下，抱着友好的态度，是不可能传递出负能量的。我们应该明白：祝福的基础是充满爱与善意的心灵，一旦心中掺杂了任何消极思想或个人私欲，身体就会感到紧张和兴奋。所以，当你在做祝福工作时，你需要注意两点：一是确保你的态度是仁慈友善、不带私心的；二是确保身体保持放松、平静，没有紧张感，尤其是腹部和大脑部位。

宗教激进主义者可能会害怕，因为他们觉得一旦脱离了严格宗教律法的管束，人们会被误导去做魔鬼般的工作。这是胡说八道。事实上，人们有明辨是非的能力，能够控制好自己的欲念，充分体验到善良和仁爱的力量，向善而行。

9 祝福的语言、手势和符号

你可以借助能反映你意图的话语和手势，来增强祝福的力量。比如：

"我与无条件的爱的灵魂相连，我祝福这根蜡烛。"
"我与伟大的爱的灵魂共鸣，并祝福这支香。"
……

你可以自由地使用那些最符合你心意和背景的词语。我建议你至少可以大声说出来："我祝福这个物体或人或地方。"

大声地说出来会增加祝福的力量，因为声音的振动波有助于传播能量和意念，还可以帮你建立做祝福工作的自信。你可能会在说祝福话语的时候感到害羞、口吃，甚至像老鼠一样低声细语。然而，这不过是接触新事物和冒险时的正常反应，如果你是无神论者，这种反应会更加明显。但是，我也见过很多男男女女勇敢地大声说出祝福的话语，从中找到了新的人格力量。

你也可以做一些特殊的手势来强化祝福。当祝福的能量穿过你的掌心或指尖时，你也许想动手——通常是右手，如果你是左撇子，那就用左手——画一个符号。比如，基督教神父在受祝福的对象或人身上画十字记号；继承欧洲神秘传统的信徒可能会画一颗五角星；犹太人可能会画大卫之星；有凯尔特人或部落背景的人通常会使用等边十字架，有时会在十字架周围画个圈；具有印度教背景的人可能会画出"AUM"符号。

　　使用这些符号，可以让祝福吸取更多额外的能量，因为这些符号都是与数千年来建立起的巨大能量库相连，这些符号和气味、颜色、声音一样，会散发各自特有的振动波。当你用手画出一个"十字架"形状时，这个"十字架"就与历史当中蕴含巨大能量的十字架原型相连，这个"十字架"也就变成了一个能量场。再比如，当你用手画出一个"等边十字架"时，你就与等边十字架原型的能量场相连，实现能量的共生与共鸣，达到平衡和谐的境界。

　　这也是为什么符号能有效地增强气泡和护盾力量的原因，祝福带来的能量也可以强化你的气泡。最好把这些符号都尝试着画一遍，然后凭直觉去感受哪些符号对你是有用的。

10 圣水

在许多传统中，圣水被用来净化空间、人和物体，特别是在做礼拜前。如果制作得当，圣水可以成为人人都能用的有效净化剂之一。圣水生生不息，能够分解凝滞的负面能量。我们经常在家里使用圣水，用来驱除那些不愉快的气息和霉运。

我先给大家介绍一下制作圣水的基本程序，然后再为大家讲述细节。圣水的制作材料是一杯水和一大勺盐。你先对水和盐施以祝福，再将它们搅拌在一起，然后用手指或者其他合适的物体蘸上圣水，将它洒在你需要净化的地方。如果你有孩子，也可以让他们做这个事情，孩子们会很喜欢。用完之后，你可以将剩下的圣水倒进下水道或者喷洒在花园里。圣水有几天的效力。

在我用过的所有净化剂里，圣水是经我验证最有效的——特别是制作得当的圣水。因此，花点时间来制作圣水是值得的。当我自己制作圣水时，我严格遵循宗教仪式般的流程，听起来有点夸张，不过这一套很适合我。与所有祝福工作一样，每个读者都应该坚持不断地尝试和训练，直到找到最适合自己的方式，并最终制造出更有效力的圣水。

练习方法

找两个容器放在你面前，一个用来装水，一个用来装盐。对容器没有特殊要求，在旅行时，我甚至用过纸杯，但我更喜欢用酒杯或者木制的蛋形杯。

集中自己的精力，感受身体与大地的连接，放轻松，酝酿出美好的情绪，将注意力放在心或头顶，带着发自内心的微笑，感受与浩瀚宇宙的能量交换。

把你的右手放在水面之上，友善地看着它，接着与它交流、对话，把它看成是有生命、有情感的个体，让你的注意力渗透至水的原子结构。然后说道："上善若水，我奉基督之名，驱除一切邪恶和消极的负能量，让它们消散于无形。"（如果你信奉的不是基督教，可以用其他与你有联系的神圣符号。）

说话的同时，用手掌在水中画出等边十字架的符号，感知十字架的能量浸入水中，尽可能地多画十字（如果你不想用等达十字架，也可以使用其他适合你的符号）。然后，采用同样的方法，来对盐说出你的祝福："盐为圣物……"

下一步，用手指捏一点盐，小心地撒在水中，画出十字记号。用这种方法往水中撒3次盐。

把双手放在混合的盐水上方，给它最后的无声祝福，感受液体中每个原子的能量。

当然，你也能使用任何适合你的话语和符号，例如："在与所有美好事物的和谐共鸣中，我把纯净的祝福注入这水中，这样，无论你身在何处都只能有爱伴随左右……"

"女神啊，我臣服于您无边无际的伟力，让神圣的能量遍布我的周身，流入这水里，让我远离消极……"

如果你愿意，你甚至可以不用任何言语，但必须遵循基本的程序：先感受身体与宇宙能量场的接触交流，让自己的能量变得强大，再通过手向水和盐施以祝福，然后再将两者混合在一起，这样，圣水就算制作成功了。

圣水可以在任何地方使用。你可以用圣水擦拭身体，也可以将圣水倒入浴缸，当你梳洗时，你的周身都会散发出耀眼的振动波。

最后，总结一下，祝福到底需要什么：

自我与大地相连，并感受自我与大地之间源源不断的能量交换；

心平气和、呼吸舒缓；

身体舒适；

保持一个好心情；

回想那些对你来说最美好最神圣的事物，让自己与宇宙间的真善美产生共鸣，心和头顶是开启自我与宇宙能量交换的灵性之门；

将美好的感觉融入身体；

通过双手来散发祝福的能量；

若你想对某个事物施以祝福，那就要全身心地投入。

毫无疑问，对别人施以祝福也是对祝福者本身的祝福。无论生活中发生什么，做祝福的工作都会给我们带来自尊、服务他人的满足感和爱的体验。

第六章
快乐、自信和成功

幸福快乐的人生并不依赖于外部因素，而是取决于我们有什么样的心态

1 心态与能量

要想成为一个高效的能量工作者，你先得拥有快乐、自信和成功。如果你只是在特殊的场合下才能施以祝福，而在剩下的时间里却无所事事、心情压抑，这又怎么可能做好能量工作呢？所以，持续地保持良好的心态是非常重要的。

但是要做到这一点并非易事。如今的社会竞争相当激烈，有几十亿人在为提升生活质量而努力奋斗。从纯物质的角度来看——工作和金钱——似乎永无止境。如果我们不能得到我们想要的，我们怎么会感到快乐、自信和成功呢？我们总是被世俗的成功定义所困扰，如果我们的生活达不到这些标准，就会认为自己很失败。车子、房子、奢侈品、度假、美貌、性感、权力、影响力、名声、地位，没有这些，我们又算什么？但事实是，即使人们获得了财富和物质上的成功，大多数人还是觉得不快乐。他们仍然焦虑不安，肾上腺素仍在紧张地燃烧，仍然疲于奔命，仍然感到不快乐。我花了几年的时间研究人们对金钱的态度，并没有发现财富可以创造快乐的例子。然而，有很多例子表明，额外的自由和金钱能够让本身就快乐的人感到更加快乐，但如果他们一开始就不快乐，那钱就没什么用了。

事实上，幸福快乐的人生并不依赖于外部因素，比如物质上的成功，而是取决于我们有什么样的心态，这种心态是来自内心的，而不是外界强加的。如果我们认为周围的某人或某物——情人、老板、孩子、金钱、美貌——能让我们感到快乐、自信和成功，那我们就犯了一个可怕的错误。也许外在因素可以暂时让我们感觉良好，但长久的快乐则是依赖于个人的内在心性。

感觉和心态是能量。幸福、自信和成功也是能量。正因为它们是能量，所以可以运用一些特殊的能量技巧来让你的身心得到洗礼。

2 回到基础

　　能量世界与人类世俗世界有着完全不同的评价体系。在能量世界里，你的外貌有多美、你的车有多豪华、你的房子有多大，这些都毫无价值，你在哪里接受教育、你有多少钱或者出身如何，这些也都毫不重要。能量世界只关注你的内心感受和你所散发出来的气场的质量。

　　从这个角度看，成功的人生就是你散发出好的而不是坏的振动波，这从你的气场和对外界的影响当中能看出来，还有很重要的一点是，你如何对待工作以及处理人际关系。显然，能量世界的评价法则是完全不同的，你必须明白这一点。

　　为了保持一个好心情，你必须回到本书所讲的基本技巧上，认同这样一个极具说服力的逻辑：除非你本身就感到快乐、自信和成功，否则你绝对不可能感到快乐、自信和成功。当我们说"我很快乐"时，这是一次完整的全身体验，它不是局部的，并不局限于大脑，而是一种整体的感觉。

自信和成功的感觉也是完全一样的，它们是贯穿全身的舒适感觉。

除非你首先对自己的身体感到舒适，否则不可能长期体验到这些感觉中的任何一种。这意味着你要再次感受自我与大地的能量交换，你必须将能量灌注到你的身体里，即使遇到危险，你也能够保持平缓呼吸、集中你的注意力。这种训练技巧在第二章已经提到过。

在第三章，你学习了应对外界振动波威胁的技巧。但是，你还得应对阻碍你获得快乐、自信和成功的内在威胁。我们都有内在的心理阴影、负面思想或情感，这些会破坏我们的良好感觉，比如武断、嫉妒、虚无感、委屈等。应对这些内部威胁的方法与抵御外部威胁的方法完全一样。

在你开始自我怀疑、自我批评、感到不安以及任何其他的负面情绪时，你就需要与大地保持紧密联系，调整好呼吸节奏，让自己保持平静，让身心愉悦。当你斗志全无、感到恼怒、无精打采、思维涣散的时候，说明内在负面能量正在干扰你。此刻，你应该再次想一想那些训练有素的修炼者是如何做的：双脚牢牢地站定于地面，气沉丹田，呼吸平缓，面部和眼睛保持平静，态度轻松，哲思深邃。除此之外，你也可以想想其他一些办法来驱散那些让你惴惴不安的内在负面能量。

有时，你的消极情绪可能会非常强烈，阻碍干扰你的思维，以至于让你很难集中注意力。此时，你不应该轻易放弃，而是可以尝试数数，先从 1 数到 10，做 30 秒这样的练习，你就能重新集中注意力。

在第二章结束时，我列了一个清单，这里再重复一遍。

双脚紧贴地面，感受身体和大地之间的能量交换；
保持镇静；
轻轻地有节奏地呼吸；
明确你的地理位置；
小心辨别；
行动起来。

这些方法也是获得快乐、自信和成功的基础。下面我们分别进行说明。

3 快乐

只有流动的能量才能带来健康，当能量凝滞时，你就会感到不舒服。快乐则是一种温暖的、流动的能量，这和幽默颇为相似。

幽默可以惹人发笑。当能量凝滞时，我们可以用幽默来进行化解和疏通，重新让能量流动起来。在现实生活中，人、物体、事件、情境、想法、情绪都有可能被凝滞的能量所阻碍。比如，当一个庄严的主教板着脸，可能会给人带来压抑的感觉，但如果他此时踩了西瓜皮后摔倒，是不是会很好笑？现场的气氛就会大大缓解，大家会感到轻松多了。这其实就是通过幽默来让凝滞的能量重新流动起来。在僵化的思想禁区导入一些新想法总会显得有趣，就像小丑总是通过调侃古板迂腐的事物来引人发笑一样。

认识这一点很重要，因为笑越来越被认为是一种很好的治疗方法。在英国，甚至还有一家全国性的健康笑声疗法诊所。从生物化学角度看，当我们笑的时候，大脑会将能让我们感觉良好的天然化学物质（内啡肽）释放到整个身体中。

快乐是幽默奏出的乐章，让人们感到轻松愉快。快乐也是一种流动的温暖的能量。一些现代宗教学者把上帝比喻成一个友善的能量海洋。快乐的人总是能让身体充满活力，并与这片温暖友善的能量海洋连在一起。

当然，快乐并不会让你脱离现实，真正的快乐反而能让你更好地正视和抚慰痛苦。快乐往往伴随着智慧和同情。

要想产生这种美好的感觉，就得让能量流经你的全身上下以及你的意识和情感。当能量流动很活跃时，你就会感到放松，变得更加宽容。宽容是一种流动的有包容性的能量，有了宽容的心态，即使面对你不同意或不喜欢的事情时，你也会抱有善意。

快乐与宽容是一对挚友。宽容作为一种能量，能够消解冷漠、僵化、惰性和固执。宽容，是具有弹性和流动性的。

假如你是一个快乐的人，即便遇到消极的事，你也不会停滞和退缩，也不会用消极来反抗消极。你会让自我与大地保持能量的交换，保持舒缓平静的呼吸节奏，感受身体内流动的能量，调整好心态，然后评估下一步该怎么做。这才是快乐的人为什么总是快乐的关键原因。当你遇事沉着冷静，反应有条不紊，体内的能量就能不断流动，带给你温暖舒适的感觉，你就不会陷入恐惧、仇恨或者埋怨之中，仍然可以散发出积极有益的正面振动波。

（1）锻炼身体

无论你是高矮胖瘦，你都要诚恳地接受自己的身体。我从事能量工作多年后发现，满怀深情地去爱我们自己的身体是非常重要的。如果你不爱自己的身体，那你的身体显然就不会感到快乐。你必须爱它、接受它。我知道这对于不喜欢自己长相的人或者身体有残疾的人来说可能是一件很难的事，但我建议你一定要爱上自己的身体，毕竟它是能够带着你走四方的实体存在。此外，身体也是传递爱和温暖的能量的载体。

如果你爱上你的身体，你就慢慢知道它需要什么样的食物和运动。通常，身体需要健康的饮食和定期的运动。你可以根据自己的身体特点来决定吃什么样的东西、做什么样的运动，要好好享受饮食和运动给身体带来的变化。

就我个人而言，我喜欢做瑜伽、散步和游泳。我很享受这些运动带来的好处。但如果我做这些运动是出于某种义务，而不是因为我真正喜欢，那我仍然不会感到快乐，可能这些运动会让我表面上变得更好，但我的内心依然失落，这毫无意义。

我们要享受身体运动的过程，这样才能乐在其中。回想一下之前提到的发自内心的微笑，这其实是同一个道理。实际上，有一个气功练习方法，它教我们向身体内的每一个器官都"保持微笑"，从而获得治疗和保持健康的功效。

练习方法

这种练习方法和之前提到那些方法一样，集中精神，心平气和地坐下，感受自我与大地之间的能量连接。接着，你会意识到自己绽放出发自内心的微笑。如果你愿意，可以做出微笑的表情，感受你心中正在缓缓呈现的仁爱力量。现在，你要将这种爱的力量释放出来，进入你的身体和五脏六腑。

将你的注意力转移至体内，就好像你正向下看着你的喉咙，顺着喉咙的洞口再往下，你会看到一个又一个器官——心脏、肺、肝、肾等——你用温暖的微笑观照每一个器官，并祝它健康。你能感觉到这些器官做出热情的回应，并判断这到底是怎样的感受。

你必须对保持身体的活力抱有极高的热情。我要求我所有的学生，每天早晨醒来后要做呼吸练习，从脚趾开始，让全身都参与到愉快的呼吸当中，从而获得满满的能量。

（2）接纳情绪

保持情绪的健康和流动非常重要。也许你此刻处在艰辛的环境中，或是处于很压抑的状态，但你依然要控制和调整自己的情绪。

首先，你要完全接受并喜欢自己的所有情绪，接受自己的慷慨和幽默很容易，而接受自己的憎恶和嫉妒却很难。然而，爱和快乐是无条件的，它们会将能量传递给万事万物，所以如果你想做一个快乐的人，那就应该去接受那些负面情绪。在现代治疗和心理咨询机构中有一个共识：那就是无法接受自己负面情绪的人往往比较极端，会造成恶劣的后果。所以，我们必须接受所有的情绪，让温情常驻心间。

练习方法

安静地坐着，感受意识和身体合一，并且与大地之间进行能量交换。慢慢地将你的注意力转移到腹部神经丛周围的区域，也就是胸腔的正下方。保持柔和的呼吸，慢慢体察你内在的情绪。或许，你可以愤怒，也可以心态平和、充满爱意；你可以嫉妒，也可以慷慨大方；你可以有安全感或者没有安全感，细微地感受你的全部情绪，从最糟糕的到最好的。接受所有的情绪，并对它们报以微笑，尽可能地去理解它们，拥抱它们。除了为了快乐建立基础，这种接受也是自我治愈的有效办法。

在日常运动中，我们伸展和移动身体，以便锻炼所有的肌肉和肌腱，提升心肺功能，努力实现整体健康。同样，我们也需要修炼我们的情绪，只有积极地去感受所有的情绪才是有利于健康的，而不是通常那种只愿意接受好情绪的老模式。我们需要体验各种各样的情绪：欢笑、同情、悲惨、忧伤、欣喜等，所以，你需要做一些事情来触发各种情绪。

你是否尝试过去体验那些你平常很难感受到的情绪？你是否感受过罗曼蒂克般的诗意和敏感？是否曾为一支足球队喝彩过？你能感觉到欢乐和悲惨吗？你是否看过那些与你平常喜好风格不一样的电影？莎士比亚、电影、书籍、诗歌、音乐、艺术和戏剧的最大乐趣在于它们能丰富我们的情感，让我们体验到各种新的情绪。

听喜剧节目，看催泪电影，听美妙的音乐，欣赏美丽的风景，关注贫穷的人和饥饿的孩子，通过感受不同的事物来体验不同的情绪，但是要避免陷进某种情绪而无法自拔。

如果你已经体验过各种不同的情绪，那么当你在异常情况下遭受负面情绪的影响时，也能保持善意和快乐的心态。

（3）修炼思想

　　思想是我们心理结构中最僵硬的部分，有的人喜欢认死理，而且自以为是。思想僵化是我们这个时代的祸根。良好的教育和善于激励孩子的父母应该教会我们拥有更加灵活的思维，能够对各种思想兼收并蓄。在古罗马和古希腊，受过教育的人会认为思考是一个持续的过程，不会因为某个正确的答案而停止思考。那些让人停止思考的所谓正确答案是无聊和病态的，它们让观念和心态变得僵化，停滞不前。它们被困在凝固的能量当中，毁掉快乐。

练习方法

　　保持身心平静，感受自我个体与天地之间的能量交换，将自己的意识集中于喉咙和头部。想象一下你拥有什么样的头脑？你有艺术天赋还是科学天赋？你做事马虎还是细致？状态是放松还是紧张？坦诚面对自己，并想象一下如果你拥有一个不同类型的头脑会是什么样。

　　注意你的思维模式、预测、假设和判断。接受所有的想法，然后尝试用不同的方式思考。例如，你可能对电视非常反感，认为每个人都沉迷于此，这对社会是有害的。此时只需花几秒钟的时间，尝试一下完全相反的想法。例如，电视很棒，它为每个人提供了解世界的免费入口，能够让我们在业余放松一下。

另一方面，如果你喜欢电视，那就试着换个角度想一下：我鄙视电视。它破坏了创造力，让人分散注意力。电视发出的光线对身体不好，还可能诱发暴力行为。

好好锻炼你的头脑。如果你一直都是保守派，那就试着像一个充满革命精神的社会改革者那样思考。如果你一直都浑浑噩噩，缺乏主见，那就花一段时间去思考一些狂热的想法。如果你信教，那就想象你是一个幽默的无神论者。如果你是一个无神论者，你就要论证上帝其实是存在的。

保持头脑的活力很重要！而最能激活头脑的事情之一就是去一个完全陌生的地方生活一段时间，感受一种截然不同的文化，比如花一小部分积蓄去一个发展中国家待一段时间。走出你的固有文化圈，让完全不同的思维方式和理解方式来刺激你的思维。

如果有一个话题是你觉得不能拿来开玩笑的，那你不妨看看在不同的文化环境下是不是也是这样。所以，放轻松，学会接受不同的想法。

（4）做触动心灵的事

在修炼你的身体、情绪和思想之后，你就可以找到让你快乐的情境和能量场。假如你喜欢音乐，那就不妨每天弹奏一曲；假如你发现某种树能触动你的心扉，不妨就去种一棵；假如孩子的纯真能唤醒你的良善和仁慈，那不妨去幼儿园做一个志愿者。总之，要多做那些可以触动你心灵的事情。

练习方法

我给大家介绍一个可以经常做的练习：保持平静，感知自我与大地之间的能量交换，轻盈地呼吸，酝酿一种美好的心情，感受快乐和善良的能量场。然后，想象这些良好的能量在你的身体上下流转循环——流经你的血液循环系统和神经系统，穿过你的肌肉和骨骼，在大脑中震荡旋转。这些能量在身体中流动、激荡，你能感知到能量的跃动，在心脏、腹部、胸部等地方尤其明显。你身体里的这些能量，跟随你的情绪在你的气场中流动，同样，你的思维和意识也会随之流动。

还有另一个方法。回忆那些曾经给你带来爱的体验的情境，回忆那种自我满足和舒适的感觉。打开记忆之门，看看你是否能再次找到那种相似的体验。如果你渐渐有了感觉，那就继续强化，直到触及你的内心。

可能有某个特定的地方或者某个人也会触动你的心扉，那就不妨想想那个地方或者那个人，看看自己是不是会有所反应，然后强化这种反应，让自己沉浸在美好的感觉当中。最后，让自己与大地继续保持能量交换，轻盈地呼吸，再次完全放松。

4 自信

自信是一种内在的精神力量，无论环境如何变化，它都能持续起作用。自信也不是僵化不变的，它并不排斥外在事物，而是能够根据情势和事实的变化，来改变想法和观点。由此可见，真正的自信就像一棵大树，既与大地牢牢相连，根基牢固，又能做到弯而不折，富有韧性，随生长环境的变化而变化。

练习方法

这里介绍一些非常具体的能量练习方法，可以帮助你实现并保持自信。

首先，和之前一样，要保持内心的平静，将意念注入身体，并保持全神贯注，排除外部能量的干扰，这样才可能获得自信。

第二，必要时，你要用到你学到的心理保护技巧。

第三，构建一个强大和充满活力的能量场以及神经系统。就传统经验来说，人体可以从大地和宇宙当中吸取能量。这两种能量在胃部和胸部会合，然后聚拢于位于下腹部的丹田。这项练习还能强化和激活神经系统，让你的身体感到强壮和自信。这样，来自外部的陌生或侵略性的振动波就不会让你分心。

在西方的宗教传统中，这个练习一般是将自己想象成一棵大树。你的根经由你的脚和下脊柱深入大地深处，吸取它的能量。你树冠高大、枝繁叶茂，仰望宇宙并从中吸取能量。这两股能量在你的身体(粗壮的树干)中汇集。脚下根深蒂固，头顶高耸入云——将大地和宇宙的精华吸纳进你的内心。

我在课堂上所教授的技巧都遵循气功的练习原理。我要求我的学生，向下可以扎根于大地，吸取地心的能量；向上可以仰望苍穹，与一颗星星——也许是北极星，或者是天狼星，或者是大熊星座——连接在一起，吸取宇宙的能量。

练习方法

第三种能量是横向吸取的。这就是太阳的内在火焰，感受你的腹腔与太阳之间的联系，随后慢慢地把太阳之火的能量吸收进你的胃部。

这样，你就获得3倍的能量：地心之火、星辰之火、太阳之火。你同时吸取这三股能量，让这些能量汇集于你的腹部，感受到越来越温暖的光芒。如平常那样，做这个练习的时候，你一定要保持内心平和、心情放松，并且与大地相连，感知自我与大地之间的能量交换。做这项练习时，还应该怀有一种轻松、和善的幽默感，从而滋养生命能量，并迅速将这些能量聚集起来。

做这个练习时最好是站着或者端正地坐在直背椅子上，因为你需要保持脊柱挺直。如果你站着，最好是双脚与肩同宽，脚尖向前，膝盖微微弯曲，肩膀向后张，脊柱挺直。

让你的呼吸平静下来，身心合一，让意识深入大地深处，体察火焰、融化的金属的热量，感受这股来自地心的炽热能量，进入你的脚底，流经大腿、脊柱和背部，最后停留在你的背部与肩胛之间的某处，感受它的温暖和光芒。

现在，让你的意念上行，将注意力集中在头上几英寸的位置。这时候，你的头骨也许会有轻微的震荡感，也许你的额头和脸庞会有紧绷的感觉。不要担心，这是很正常的情况。接着，将你的意念提升到更高的天空中，与你头顶上的一颗星星相连，它可以是任何一颗星星，也可以是你知道的某颗星星。注意，这颗星星本身也是一颗类似太阳的恒星，光芒四射，具有核力量，非常强大。慢慢地将它的能量经由你的头盖骨向下引导到你的脊柱里。

让星辰的能量下降，它就会与大地上升的能量相遇，两股力量汇聚在一起，就会激荡、旋转并和谐地融合在一起，散发出温暖的光芒。

将这光芒引导至你的胃部下方，类似于气沉丹田。

现在，让你的意念横向地与太阳巨大的温暖和光辉相连。注意，太阳有一种内在生命力，其核心和本质是巨大的力与火。慢慢地将这火热的精华横向地吸入你的胃部和胸部。

此刻，太阳的能量与大地、星辰的力量汇聚在一起，让它们和谐地融合，在你的下腹发射出光芒。

153

接着，这些能量开始在你的体内循环，经由脊椎和后脑向上，再经由面部、胸部、腹部向下，通过血液循环系统和所有的神经，进入肌肉和肌腱，进入骨骼和骨髓，然后向周身散发，形成一个完整的能量场。

让所有的能量保持平静温暖，与大地紧密相连，不断交换能量，保持平缓的呼吸节奏，让能量充分地滋养你。

同时，对自己重复一些自我激励的话也很有用，比如"我很坚强和自信""我完全可以成为我自己""我不在乎人们是否赞同我，因为我是一棵大树，坚强而自信"。

以戏剧性的眼光来看，那么你可能扮演的就是太阳神，自信而耀眼，这种自信是体贴和慷慨的，它是一种既利己又利人的能量。

　　定期修炼，坚持不懈，你聚集能量的水平就会越来越高，它不仅能帮你建立临时的心理屏障，也能成为你持续保持强大的力量。做能量工作并不是要人们放弃现代的教育理念和已经取得的成熟经验，而是提供一种全新的生活理念和生活方式，这对每个人来说都是真正的福祉。

5 成功

　　在能量世界，对成功的定义有一种全新的解读——成功不是以丰富的物质财富和显赫的地位来界定的，而是源自对内在能量的整合。当你尽可能地实现了自我和宇宙之间的能量的和谐流动，你也就完成了这种整合。

　　这意味着你散发出来的光辉是仁慈的，你不会对心灵世界造成污染。这意味着当你受到召唤时，你会积极去改变那些缺乏创造力、死气沉沉的情境。这也意味着你是一个真正的觉悟者，能够充分展示自我意识和内在能量的魅力。

　　如果你在做这些事，那你的生活就不会一成不变或永远正确。你不是坐在宇宙教室里的一张桌子上，等着老师给你打满分。你是一股巨大的不断涌动的宇宙能量流的一部分，一切都在变化和运动。你的经验、情感和存在方式也在随之发生改变。

　　对于洞悉能量奥秘的人来说，他们追求的是一种内在成功的感觉，这是一种个人的体验，但却又实实在在地发生在现实生活当中，只是不为外人所知而已。如何追求这种内在成功因人而异，但隐藏在内心的感受却是一致的，平静、笃定、谦和，随时寻求变化，累积经验，以求更大的成功。即使你正面临着挑战和困难，甚至有失控和恐惧之感，你也照样可以通过能量的流动来修复情绪，回到安静祥和的内心世界。

人怎么可能在失去自控力的时候仍然拥有这种完整和成功的感觉？我们过往生活中的挫折和伤痛难免使我们在某方面非常脆弱，内心的那个小孩一直没有长大，他承载着我们小时候所有的恐惧和未实现的愿望。虽然这个小孩只存在于我们的潜意识当中，但却早已成为我们心理上不可抹去的一部分，对我们的行为产生潜移默化的影响。所以，当代的心理治疗都致力于治愈内心的那个小孩。这个小孩会有崩溃或发怒的时候，这在意料之中，且很自然。如果我们总是想要压抑或约束他才是不自然的。不过，完全放任自流也并不明智，应该去缓解和治愈。

我们都有属于自己的独特经历，包括内在的纠葛和痛苦，但正是因为有这些存在，才构成我们内心的完整性和成功的多样性。

成就感更多地取决于我们做事的方式，而并非所做的事。物质成就永远不能带来内在的自我满足，除非它伴随着富有创造力的态度和行为。

人们经常陷入心灵危机，想要弄清楚他们真正应该做什么。他们经历了一个漫长的灵魂追寻过程，尝试其他工作，征询朋友们的意见，并经常会因此陷入焦虑。我有过几次类似的经历，但每次思考之后得出的都是相同的答案：我做什么并不重要，我的挫折感与我正在做的事无关，这一切都与我的人生态度有关。

经历这些挫折之后，我明白我必须改变人生态度。我要成为一个善于反思、更有爱心、更具创造力、更具活力、更能帮助别人、更具领导力的人。我需要改变我的振动波，让它变得更具正能量。

157

中国古籍《易经》里有句话："改邑不改井。"你可以改变你所处的外在环境，但却依然要面对你的内在自我，处理好个人能量问题。

我给你举个我生活中的例子：我和我的现任太太住在一小公寓里，但是我和我前妻所生的儿子也跟我们住在一起。你可以想象到，这样的情况肯定会令人不安、让人忧虑。我觉得我的人生很失败，我必须找一所更大的房子，而这需要很多的钱。当我思考下一步该怎么办却毫无头绪时，我感到心烦意乱。

最后，我开始审视自己的内心，想知道问题出在哪里。我意识到是我那个十几岁的儿子的叛逆引发我暴躁和愤怒的情绪，我必须平复心态，应该更富有同情心，对他多一分理解。当我明白症结所在之后，我的态度开始转变，慢慢也就恢复了平静。随之而来的是，我的能量场也变得和谐，整个情况向好的方面转变。吸取这次教训后，我们搬了家。

当然，搬家还不是解决问题的主要办法，更关键的一点在于我认识到改变人生态度的重要性：假如我永远都换不了大房子，就像这个世界上许多的贫穷家庭一样，挤在狭小的单人间里，无能为力，那么我在余生当中就只能去抱怨了吗？显然不是，当改变不了环境的时候，你可以去改变你的态度，从而改善你的能量场，过上舒心的生活。

对于那些习惯于将自己的不幸归咎于环境的读者，我绝不敢苟同。想象一下，如果你所处的环境永远都不可能改变，那就只能改变你对环境的态度，别无选择。很多人觉得这个想法很离谱，因为当你感觉不好的时候，已经习惯于责怪外部环境。但是请现实一点，如果你置身荒岛上、牢房里或者山顶上，没有任何人打扰你，你真的以为自己能一直保持心情愉悦、平静地度过那么多年吗？同样，假如你有一座宫殿和一百个完美的奴隶来迎合着你的各种奇想，你真的相信自己会没有任何消极的情绪吗？坏脾气、易怒和抑郁都是我们性格里正常的一部分，这需要我们从内心来改变（请不要把这些理解成要一味忍受环境和他人对你的侵扰，我们都应该明白什么样的情况下要奋起反击）。

练习方法

这是一个简单的练习：像之前一样，集中精神，平静地呼吸，感知你的身体和大地之间的连接。然后，想着一些长期以来困扰着你的情境或人。接下来，我们玩一个富有想象力的游戏，假装你永远无法摆脱这样恼人的情境，并且它会不断地发生。在这种令人恼火的状态下，绽放出发自内心的微笑，确保呼吸平稳、身体放松。然后，问自己一个简单的问题：如果我要在这种情况下仍然保持快乐，我需要采取什么样积极的态度，需要放弃什么样消极的态度？

做完这个练习，你可能马上有所体悟，但是为了改变你固有的态度和习性，你还需要多练习几次，这样才能帮助你更深入地理解。

能量世界的成功也意味着你对这个世界有所帮助。在古埃及神话中，有个关于人死之后的传说，就是人死后，灵魂会经过不同的宫殿。在一座雄壮的宫殿里，灵魂和羽毛被放在天平的两端进行比较，如果一个人生前作恶多端，灵魂就会因为承载了过多的负面气息而变得很沉重；如果一个人生前乐于助人，造福世界，灵魂就会轻如羽毛。

每天花几分钟时间，评估一下你的能量对世界的影响，当你注意到你散发的是不愉快或自私的气息时，就要把它们重新收回。这与我在下一章讲到的经典练习很相似，即吸入负面气息，呼出正面气息，以此来吸收和转化能量。记住你曾经做过的不良行为及产生负面能量的场景，对此进行调整，避免再次犯错。如果可能的话，最好是直接向被你的负面能量所影响过的相关人员道歉。道歉是一种强大的能量修炼，它不仅能化解消极的情绪，还能产生类似于祝福的力量。

平静地审视你的工作态度和行为本身就是一种有用的能量工作方法。敏锐的头脑和开放的思维能产生强大的能量。"思想之光"可以将能量投射到阴暗的角落，使陈旧的能量再次流动起来。当这股光芒观照到某些事物时，就能给这个事物带来强烈的启迪效果。

静静地、快乐地、自信地坐着，思考广大的人生和你自己的人生。由此，你点燃了一股精神能量，它像一束柔和的极光，穿透那些阴郁陈腐的气场，让你那颗被照亮的心灵深入思考你是谁，你有怎样的个性。这是一种能量净化的独特形式。

你有能力跟上这种能量变化的节拍，达到能量和谐的境界，并拓展你的思维，审视你向世界发出的振动波到底是好是坏，这种自省与改变是你在能量世界获得成功的基础。

第七章
如何净化邪恶和恐惧

邪恶是宇宙不可分割的一部分，人类受邪恶影响的程度
取决于个体的经历和业力

1 邪恶到底是什么

在对气场和能量的研究中，免不了会讨论关于邪恶的话题，这也是一个充满争议的话题，它触及人对最可怕经历的记忆。人们对邪恶的看法大相径庭：许多人不想提及这个话题，他们认为这离现实生活很遥远；有些人则下意识地逃避邪恶；更有甚者，对于那些没有真实感受过邪恶能量的人们来说，干脆否认它的存在。

但我们必须讨论邪恶，因为万一在生活中遇见它，我们才能从容应对。

宗教对邪恶的看法往往比较有意思。譬如在基督教、犹太教和伊斯兰教当中，邪恶被认为是一种原罪，它诱惑着所有人，我们很难抗拒它，应该用最强大的精神力量来保护自己免遭其伤害。邪恶源自魔王，魔王手下还有幽灵和恶魔为其服务，他有时候甚至完全能够掌控人类的一举一动。这是一种可怕的世界观，在这种宗教观念下长大的人往往在潜意识里都有这些想法。即使他们童年时代受宗教影响不大，也仍然会被这些想法所困扰。

然而，还有一些宗教对邪恶却有不同的看法，比如印度教对邪恶的认知就比较宽容，在其教义当中，宇宙里充满各种各样的力量，也包括能带来悲惨和毁灭的邪恶力量。邪恶是宇宙不可分割的一部分，人类受邪恶影响的程度取决于个体的经历和业力。

另外，佛教则倾向于将邪恶视为人类愚昧无知的化身，认为它在人们觉悟之后自然会消失。

还有其他一些宗教，他们认为邪恶是维持宇宙平衡的一股力量。有光明也就必然有黑暗。这种黑暗无所谓对和错，人类只是因为无知和恐惧才没有意识到其存在的必要性。

然而，在一些神秘主义宗教那里，有一点很明确：即邪恶是一种活跃的力量，需要有意识地用光和爱的振动波来抵消。我发现，在这些深奥的教义当中，那些涉及对邪恶的实质和根源进行解释的部分，总是让人很难理解。

在现实生活中，我们常常被某种能量恐吓或干扰，这种能量就可以称之为"邪恶"。比如，做噩梦，当我们从噩梦中醒来时会感到恐惧，这种恐惧并非仅仅来自我们自身的焦虑，也来自外界的某种力量。有时，当我们遭遇一些人或事时，本能地感到有哪里不对劲；同样，当我们到达某些地方时，也会感受到令人恶心和恐惧的振动波。比如我以前到北爱尔兰时就有这种感觉，那里曾发生过战争、恐怖袭击和严刑拷打。西方国家的人们比较幸运，他们很少会在建筑物或景区中感受到这种邪恶的能量场，但如果他们去到那些恐怖地区，就会马上发现这种能量场的存在。即使有些战乱国家宣布恢复了和平，仍然会有邪恶能量的残余。

自从我参与能量工作以来，我一直想弄清邪恶能量到底是什么，也花了很多时间来讨论这个问题。在过去很长一段时间里，我听取了一些意见，简单地提出一些如何应对邪恶能量的基本技巧，从个人经验的角度，搞清楚了各种屏蔽和消除邪恶的方法，但却始终无法完全理解邪恶的本质。直到最近几年，我才对此有了比较满意的理解。我将我的理解分享给大家，但我有言在先：不能保证完全正确。

2 对邪恶的定义

在我看来，我们所说的邪恶包括两个部分：天然的宇宙力量和人类行为所产生的能量。

宇宙力量很容易识别，自然界的生老病死和动态循环，都属于此类，这也是所有生命的正常节奏——死亡、腐烂、消失。自然界的元素以种种形式结合在一起，但迟早又会离散分解。植物、动物、星辰、星系都有这种生死往复的过程，这是自然的规律，不可避免。

有机物分解消散的过程一般会伴随着腐败以及难闻的气味，这往往会让人感到不安。很少有人会喜欢接触腐肉，如果把腐肉作为一种堆肥的材料，让其在可控的环境中自然消解，可能是最容易让人接受的方式。在印度教中，有一位毁灭女神卡莉，代表着宇宙循环的规律，她吞噬一切腐朽，同时孕育新生。

邪恶的另一大来源就是人类的活动及其所产生的能量效

应。当人类带着快感对生活进行扭曲和破坏时，也就产生了邪恶。当人的怨恨、愤怒和暴躁情绪与代表腐朽与毁灭的自然能量联系在一起时，就更容易产生邪恶。

作为凡人，我们难免会产生抑郁、愤怒和想要攻击他人的情绪，这是人之常情。但请想象一下，如果这些负面情绪像一场狂野的传染病疫情四处传播，再加上腐朽毁灭的宇宙能量，那就会汇聚成一种非常强大的衰败力量，让人迷失心智。如此一来，我们自身的邪恶力量和宇宙的邪恶力量叠加在一起，让我们丧失了对生活的正常感知，甚至看淡了生死，成了破坏和腐朽的代言人。最可怕的是，当人们陷入这种癫狂的状态时，他们似乎真的开始将破坏所带来的痛苦视为一种享受，变成疯狂、兴奋和幼稚的虐待狂。这样就可能导致对个体或群体的最可怕的兽行：虐待、强奸、酷刑和惨死等。

这些行为当然可以称为"邪恶"。

所以，我认为邪恶的有效定义是破坏性的人类行为混合了衰败的宇宙能量，且让作恶者感到享受。这是一种没有创造性目的的破坏。

邪恶当中还充斥着受害者的痛苦和痛苦所发出的振动波。

在我们生活的精神大气当中，充斥着邪恶的能量场，这种能量很强大，有时让人难以承受。这种邪恶有着悠久的历史，比如过去的纳粹集中营、柬埔寨杀戮场、波斯尼亚种族清洗等。每当一个孩子受到伤害或者有人被慢慢折磨致死，这个邪恶的能量场就会变得更强大。

我对如此直言不讳感到抱歉，但邪恶能量的确是真实存在的，在这样一本关于心灵保护、净化气场和祝福的书中，忽视这个问题是不可原谅的。

所以，要认识到，邪恶是一个能量场，它与普通的敌视或消极态度完全不同。它不容易被消灭，具有巨大的渗透力和影响力，我们要搞清楚它与普通负面能量的区别。

因此，我并不认可西方宗教对于邪恶的定义，即邪恶是一种试图诱惑所有人的活跃的宇宙力量。同时，我也不认可这样的观念，即邪恶只是人类的无知行为。我相信并体验到的事实是，邪恶是一种强大而异常的人类行为，它创造了自己的邪恶能量场。

当我们与邪恶发生接触时，它会让我们受到恐吓，也能够通过我们传导给他人。这些都是忠实的警告，我们需要非常谨慎和清醒。

3 对付邪恶

邪恶有非常强大的能量场，对付它的时候要有一定的方法。首先要意志坚定，与邪恶保持距离，不要和它发生任何联系，不要让邪恶有接近你的机会（也不要为了研究邪恶而靠近它）。它太强大了。尽可能利用精神力量保护自己，并有意识地将邪恶拒之身外。

如果你遭遇邪恶，你将会认识到与宇宙爱的巨大能量场相连是非常有用的——利用基督的纯净能量或者你所能借助到的其他任何伟大的精神力量——你可以有效地保护自己，并用汇集的精神力量来对付邪恶。

我记得我自己在这项抵抗邪恶的工作当中有一个真正的转折点。当时，我正在学习如何在冥想中进入超然物外的状态，此刻，我想到世界上存在的权力斗争。接着，我开始做了一系列的梦，在梦中，我似乎被纳粹和法西斯主义的邪恶能量攻击了。起初，梦的逻辑是相当混乱的，完全不受控制。我吓坏了，醒来时一身冷汗。这就是对邪恶能量的一种感应。

为了摆脱邪恶能量的侵袭，我决定开始反击，我在梦中祈祷。我不再老去想那些纠缠我的邪恶念头，不去与它们有任何接触。我想象自己周围都是十字架，并召唤耶稣来帮助我。我使用了一些非常经典的心灵保护技巧，强化我与耶稣的联系，建立我与宇宙仁爱能量之间的连接，并将这些力量融入我建立的保护性气泡和护盾当中。与此同时，我一遍又一遍向主祈祷，终于感受到邪恶逐渐离我远去，虽然仍然感到非常不安，但这减轻了我的恐惧。

接下来的一年里，我又有几次遭到邪恶能量的侵袭，但经过训练，我的意志变得更加坚定，自控力也更强了，我开始鼓起勇气和信心与邪恶做斗争。

后来有一天晚上，我又感知到邪恶的来临。我竖起心灵的护盾，同时不停地祈祷，感受我与宇宙仁爱能量的联系——我觉得我得到了充分的保护，有了强烈的安全感，以至于感受到对于折磨我的人的爱意。在我周围生成了一个巨大的爱的能量场，让我敢于直面施虐者，再以爱的能量去感化他。最后，邪恶退缩了，我用爱战胜了它。这对我来说是一个值得纪念的时刻。我带着笑意走出梦境，回归清醒。

遵循心灵保护的基本原则，利用宇宙能量场所散发出的无私的爱，我逐渐学会了自我保护的技能，增强了自我保护的力量。这并不是一种迷信，而是因为我发自心底的感受到爱的力量。

做梦的状态，是在纯形而上学环境下对抗邪恶能量的例子。而我认识的一些专业护理人员，他们因为工作关系不得不面对顽固的犯罪分子和危险的精神病患者，在治疗这些病人和客户时，他们也能感受类似的邪恶能量，并因此感到恐惧。他们的策略是尽可能为自己提供精神上的保护，与他们所知道的最强大的精神力量建立联系，并由此散发出一种富有创造性的自信的爱。我认识一个社区护士，每次进入病人房间前都要花 5 分钟来做好心理准备。我还认识一个商人，他在会见某些利欲熏心的其他商人之前，也会采取同样的措施。

4 为什么我们需要外部精神力量的帮助

　　当我们面对邪恶和极端负面的事情时，常常需要借助外部的精神力量。我们之所以需要外部力量的帮助，一方面是因为自己的道德力量过于渺小，面对强大的负面能量，就像龙卷风当中的小鸟。为了与强大的负面能量进行对抗，我们需要一个更强大的仁慈力量。另一方面则与人的无意识有关。比如，你可以为你自己拥有良好的性格和道德感而感到骄傲，但是你的性格当中可能也存在一些阴暗面，它们潜藏已久，以至于你完全没有意识到。这些阴暗的东西会与你感应到的外界负面能量产生共鸣，或者当你感到恐惧，自控力下降的时候，它们就会开始兴风作浪。

　　如果你处于负面能量的包围当中，你不能完全靠自己来摆脱，因为你自身可能存在很多不确定因素，所以你必须借助外界的精神力量。

　　从事能量工作的人或多或少都会与外部的精神力量发生联系。当你遭遇真正的负面能量场，或者陷入复杂的能量环境中，你就能借助外部的精神力量来摆脱困境。重要的是，在利用通常的心理保护技巧时，你对这种外部的精神力量应该是充分信任的，最好是不断地诵读你最喜欢的祈祷文，或者把最能表达你想法的那些词语凑起来，作为祈祷文反复念诵。按照我自己的经验来说，最美好的祈祷来自《圣经》当中的《诗篇》："主是我的牧人……我虽行过死寂的山谷，也不惧怕恶，因为你与我同在。"

5　**如何理解恐惧**

谈论邪恶可以让人保持心智清醒并令人安心，同样，讨论恐惧也是大有益处的。

从积极的角度看，恐惧也是一种振动波，而不是一种心理体验。当然，恐惧会带来心理上的影响，但其根源还是两个能量场不和谐的碰撞所导致的。我在第一章当中曾经简要提过这一点，但值得再来讲一讲。

当人类的气场遇到另一个能量场，它的振动与人类气场产生摩擦时，就会产生恐惧，带来一种不愉快、不和谐的体验。外界的振动波毫无顾忌地干扰人类的气场，并侵入皮肤，像一道闪电刺进神经系统。

然而，如果你将恐惧理解为你的气场发出的一种信号，那你对它的反应可能就会有所不同。当你感到恐惧时，你会想：啊哈，我的能量场里出现了一些有趣的东西，让我来看看到底发生了什么事。

当你关注自身气场的时候，恐惧的体验应该被视为一个信号，表明有什么不寻常的东西正在与你的能量场发生接触。换一种说法：当你感到恐惧的时候，你应该有一种洞察力，并认识到一些不寻常的事情正在发生，而不是迷失在恐惧当中。古语云："我们唯一需要恐惧的，就是恐惧本身。"

在感到恐惧的那一刻，我们需要进入身体和意识分离的状态。身体的气场和神经系统记录新的能量波动，而意识则可以冷静地观察它，而不会乱了方寸。

当恐惧的初始征兆出现时，让自己的意识先停下来，不要被恐惧牵着鼻子走，然后开启警觉和超然的正念。在心理上与恐惧保持一个理智的距离，否则你就会迷失在恐慌中。

为了达到身心分离需要强大的意志力。

在许多传统宗教中，学生们会学习如何脱离恐惧的体验。一些佛教寺院会经常要求初学者在一个遍布尸体的墓地里花一周或更长时间来日夜生活和冥想。有些读者可能还记得卡洛斯·卡斯塔尼达的经历。卡斯塔尼达接受他的老师（萨满巫师唐璜）的教诲，面对山的一侧躺下过夜，无论他遇到什么都不要动。

在这两个例子当中，学生们学习了如何练就强大的意志力。即使是不寻常和可怕的振动波出现在他们的气场里，过了一会，他们也能学会冷静地面对这种"可怕"的感觉。这不是一种舒适的体验，但却带来心灵的自由。

虽然我发现每个人都对这个话题感兴趣，但这些训练方法并不适合于每个人。不过即使你不去练习，知道一点也会让你感到更安心。

6 高级净化技巧

如果你非常想要且非常乐意从事能量净化工作，那不妨尝试一下更高级的净化技巧。不过，在学习这些技巧之前，即使你自我感觉良好，也需要评估自己的精神状态和身体状态，以应对可能让你感到焦虑的危险状况。例如，当你筋疲力尽或紧张过度时，就不要再给自己施加压力了。

（1）吸纳负面能量，散发祝福能量

在第四章中，我写道，健康的能量是运动的能量。通常情况下，使用振动、声音和香味就足以让凝滞的能量重新流动，将负面振动波转化成正面振动波。

然而，有时候，负面能量可谓根深蒂固，就连运动也无法改变它。在这种情况下，我们就需要彻底净化和改变它的气场。在藏传佛教传统中，经常会传授这种净化技巧。在日常生活中，当父母遇到调皮捣蛋的孩子，或者情侣遇到任性的另一半时，要改变这种无可奈何的状态，就需要用到高级净化技巧。

让我们保持平静，感受与大地能量的连接，然后有意识地将不愉快的负面振动波吸纳进你自己的气场，感受它在你的身体里流转，接着，通过集中注意力，将它逐渐转化为正面振动波。

负面振动波之所以会转化，是因为它被你温和平静的气场所感染。当你感受到痛苦或焦虑时，不要让它们匆匆流过你的身体，或者强忍着接受它们直到情绪崩溃，而应该让你平缓宁静的呼吸来净化它们。

因此，在你吸纳负面能量的同时，你也开始散发出爱和善意。有时，你会发现自己在开始祝福某个物体之前，实际上已经先吸收了它所拥有的消极情绪。

这跟抱着一个吵闹的孩子，吸收他的痛苦，慢慢让他平静下来的过程非常相似。显然，这个方法奏效的前提是要有足够的自信和冷静。

注意：做这项工作时，应该以一种循序渐进的方式来进行，不要想一次性解决所有问题，否则你会感到不知所措。

从播撒一颗微小的意识种子开始，慢慢感受对负面能量的吸收，只有你觉得更加自信的时候，才能慢慢加快吸收的步伐。一旦你开始感到紧张，请冷静地停下来，停止练习。除非你感觉足够坚强、冷静和有准备，否则不要去这样练习。你必须保证自己与大地之间有畅通无阻的能量连接，身心安宁，能够完全保持呼吸的平静放松。

呼出负面能量、散发祝福能量是一项技巧，运用这项技巧，可以每天净化家、社区和工作场所的气场。如果每天练习几分钟，坚持超过一年，你会感觉到周围的气场在发生改变。我曾经把房子搬到伦敦的一个地区，当地警察局素有最腐败的丑名。从我家顶层的书房里，可以看到警察局的后院。3年来，当我每天做两次冥想的时候，我会把我的注意力集中到警察局，特别是牢房上，并与盘踞在那里的压力、暴力和混乱建立精神上的联系。然后，我会把所有的负面能量从警察局里吸纳进我自己的气场和身体当中，温和地改变它们。

这并不愉快，但也没那么糟。然后，我把支持和祝福的能量传递给警察局，希望警官们在工作时尊重他人、拥有强大力量和富有正义感。事实证明，警察局的确进行了自我整顿，名声也变好了。我不知道我的工作起了多少作用，但它肯定没什么坏处。

练习方法

集中精力，平静呼吸，感受自我与大地的能量连接，确保你能得到宇宙仁慈力量的加持。

轻柔缓慢地感受负面能量。

不要被负面能量影响，保持坚定的意志力，感受你的身体正在吸纳负面能量。

保持平缓的呼吸和冷静的心态，笑对万物，集中注意力。

向负面能量释放出爱和仁慈的思想与情感。

停止吸纳负面能量，静静感受宇宙的巨大能量环绕在你周围。

如果你结束练习后感到体内有一些凝滞的能量结，那么活动一下身体，摇晃自己，打通能量。

我再次重申：如果你对这项练习有任何担心，那就不要去尝试。如果你很紧张但仍想尝试一下，那就非常小心地尝试15秒钟。在做下一步之前，先回顾一下刚才练习的感受。

再次警告：在面对非常强大、具有压倒性优势的邪恶能量时，不要使用这些技巧。你可以用这些技巧来净化你身边的气场，处理一些简单的个人事务，但不要去尝试清除那些强大的邪恶势力，否则会给自己带来伤害。例如，我有个朋友，他自己的能量基础比较薄弱，但富有热情，也很有些浪漫主义，他决定去清理一下"三K党"所带来的负面能量场。然而，他失败了，在经历了一些非常不愉快的事情之后，他回到家，结果病了好几天。

所以，要量力而行。

（2）让地球吸收负面能量

在某些特定的场所，还有其他方法来处理负面能量，地球本身就可以帮助我们。我们常常忘记我们是地球表面的微小生命，也常常忘记了她是壮观巨大的能量体。海洋大潮的运动，从黎明到黄昏再到黎明的温度变化，以及四季更替所带来的大气变化，所有这些都暗示着她的能量。她也是一个巨大的磁铁，把我们所有人都吸附到地面上，她的大气层、表面和深处充满了能量、磁力和电能。因此，她能够将负面能量吸纳到身体深处，并通过循环和振动将其转化成正面能量。

练习方法

在这里，基本的技巧就是想象和感觉要被净化的场所的中心有一个下水道，负能量从下水道被吸走，然后你会感觉到负能量正在消失（为了表达善意，我事先会请求地球的许可，之后还会表示感谢，这是与地球保持良好关系的一种方式）。

这项技巧对于那些需要释放情感和减轻痛苦的人来说非常有用。事实上，我经常带团队进行类似的想象训练，在这种训练中，我们会在一起合作，让负面能量从下水道中流走（此时，总有一些调皮的学生会模拟下水道抽水的声音）。

（3）将紫色床单升入宇宙

这项技巧操作起来更为困难，但却非常有效。

练习方法

练习这项技巧的关键在于，你要想象和感觉有一条非常大的紫色床单，将需要净化的区域全部覆盖。

然后你感觉并引导这条床单慢慢向上抬升。当它像网一样上升时，会捕捉到所有负面振动波。床单的中间凹陷，承载着所有捕获的负面能量。就这样坚持一会——可能需要2~10分钟——直到床单装满负面能量，然后把它抬升起来。

现在可以做两件事，要么将床单引到太阳中心，在那里，所有的积垢都被烧焦和转化；要么召唤出一股强大的精神力量，把床单带走。我的方法是想象一条2英里长的中国吉祥之龙在高空中舞动跃升，引发强大的和谐振动波，将负面能量吸收。

7 请求天使的帮助

天使出现在所有宗教和所有文化传统的神话当中。天使有许多不同的名称，并且解释也不同。

在西方，他们被称为天使，西方的三大宗教也公开接受和呼吁天使的帮助。事实上，教皇最近才确认天使是上帝的使者。

从古至今，从事能量工作的人们都发现，他们可以借由天使的帮助来改变气场，在遭遇困境的时候也可以与天使合作。如果你愿意的话，可以试着向他们求助。只要你始终保持与大地的能量连接，就能和天使沟通，这样做并没有什么坏处。

人的生活空间当中存在一些漂浮的意识尘埃，它们会吸收人类邪恶和消极行为释放的负面能量。这些"尘埃"本身并不具有负面能量，只是被负面能量吸引，从而具有破坏性。而吸引这些 "尘埃"的除了空间内的负面能量，也有精神领域的负面能量。宗教史上记载了很多追求高洁灵魂的人物的事迹，他们在全神贯注地追随神圣之光的同时，却发现自己深受心灵恶魔的折磨。这就可以对这些神秘的攻击给出合理的解释——这并不是一种故意行为，只是这些沾染了负面能量的"尘埃"被圣人潜在的心理阴影吸引过来，从而对修行产生了干扰。

当你想要净化邪恶时，无论你的思维多么发达，无论你得到多么强大的爱的支持，你过去留下的心理阴影必须转变。当它们受到情绪波动的影响时，就会吸引与之共振的外部能量。

因此，转变能量场不仅要应对你自己的内在阴影，也要对付能与之产生共鸣的外在阴影。

187

练习方法

有两种处理外部尘埃的方法。前提是你需要进入一个非常平静和稳定的状态。当你平静下来时，就可以请充满灵性仁爱的精神力量来帮助你，并请天使来把尘埃带走。寻求天使的帮助并不困难，只需安静下来，想象天使的样子，不管这个样子是否完整或者呈现出什么形状，都无妨。接着，你要发出源自内心的召唤，大声说："我邀请并欢迎天使来帮助我，谢谢你的出现，谢谢你的帮助。"集中注意力，诉求要明确。如果你以前从未请求过天使的帮助，那这次一定会感到惊喜。

　　第二种方法是让尘埃完全进入你自己的气场，以无私的爱的态度接受它，并用你自己的正面能量去转化其消极的一面。这与吸纳负面能量和散发祝福能量是相同的技巧。

第八章

淡定的精神法则

我们并不是孤立地活在这个世界上，总是与整个人类社会联系在一起

1 人类的二元性

　　人类是二元性生物。我们有外在的性格，也有内在的本性。有时候外在的性格和内在的本性融为一体，有时相去甚远。

　　外在的性格可以构建强大、宽广的气场和能量，反映我们不同的情绪，包括厌恶、质疑、爱等。数千年来，人类聚合的情绪渐渐形成强大的情感和思绪气场，笼罩大地。

　　另一方面，我们的内在本性并不受情绪的控制，而是有着属于自己的独特的爱和智慧的振动波，并永恒地与宇宙的慈悲能量场相连。

　　为了更清楚地了解我们如何进行能量工作，以及对某种情况的干预时机是否得当，我们必须弄清楚每个人所独有的二元性。人类的外在性格常常跟随情绪投射在外界事物上，同样的道理，如果我们允许，它们就会自动散发保佑和祝福。

每当我们完全意识到自己身上具备的这种二元性时，结论便一目了然：从能量角度来看，我们存在于世的主要目的是散发出核心自我的祝福，并尽我们所能来转变自己和别人所产生的负面振动波。无论我们的生命经历过什么，在能量和振动波的世界里，我们的任务便是通过散发祝福，消除负面能量。

2 人并不是孤立存在的小岛

关于我们的内在本性和外在性格之间的这种二元性，存在大量的宗教和哲学争论，但总的来说，最终的目标都是使两者融合，这也与现代心理学的许多观点一致。现代心理学认为人类生活的目的是实现自我，这意味着自我本性必须完全显现，而不是隐藏在外在性格的背后。

从能量的角度来看，人类生命的目的就是为了内在本性与外在性格相遇和融合。然后，随着智慧、启蒙和爱赋予的更多正面能量，人格变得丰富多彩。这是一个理想的目标，不是吗？

我们身上所存在的情绪和思想惯性、难以改变的嗜好，这些对人格的内外融合来说是一种阻碍。此外，我们所具有的人格能量都是相连的，并不是孤立存在的小岛，彼此之间能产生联系。这意味着一个人的负面能量会影响到其他人，同时，一个人的正面能量也能给其他人带来祝福。更准确地说，我们彼此是通过性格振动波联系在一起的，性格相似的人会产生共鸣。如果你很自私，那你就会和其他自私的人产生联系；如果你脾气暴躁，那你就会和其他脾气暴躁的人产生联系；同样，如果你富有爱心、很慷慨，那你也将与拥有类似性格的人产生联系。

这种物以类聚、人以群分的现象，长期以来被神秘主义者所熟知，如今也在现代科学中得到证实。

所有这些都成为理解能量工作的背景：我们并不是孤立地活在这个世界上，总是与整个人类社会联系在一起。

3 独立思考，不要人云亦云

还有一个对我们产生了巨大影响的现实，即人类几千年来的思想和情绪在地球的气场当中留下了诸多印记，就像空气中飘浮的一朵巨大云团。记住，当你感受或思考某件事时，你投入其中的能量会一直存在下去。所以，地球的气场实际上直接反映了人类在过去岁月当中留下的整体感受和思想。

我们的个人气场不断地与地球气场接触，我们不断地受到它的影响。这意味着当你处理你自己的振动波和能量时，你也在处理所有其他的振动波和能量，你周围的能量会发生共振。

举一个个人的例子吧。即使你感到孤独落寞，你仍然与所有其他孤独落寞的人共享"孤独落寞"的能量场，这种能量已经存在数千年。同样地，当你感到快乐时，你会与处于同一状态的其他人发生共鸣，并与其他人几千年来创造的"快乐"的巨大能量场联系在一起。

这通常意味着当你感觉到某种强烈的情绪或想法时，你感觉到的不仅仅是你自己的那一部分，你也在感受集体的那一部分。

在我的课堂上，一些学生认为他们做出一些反常行为是自身原因所致，而当他们意识到这其实是因为受到外界环境的影响时，他们往往很惊讶。实际上，他们不仅在表达或引导自己的情感和想法，同样也在集体的精神世界当中表达或引导自己的情感和想法。

那么，如何分辨自己的情绪是否受到集体情绪影响？我自己的看法是，当我们与集体能量联系起来时，我们的感觉和思想会呈现出戏剧性的一面。

这很容易看出来，例如，愤怒。此刻，我们可能只是单纯的愤怒，表达我们自己的不满。但下一刻，它可能就受到集体情绪的影响，失去了合理的控制，变成一种无法遏制的情绪宣泄。当悲伤和自怜变得歇斯底里时，也常常会看到这种情况。

比如，当一个传教士变得更激进更亢奋时，往往是因为他们自己的情绪受到了激进主义的巨大能量场的影响。再比如，当政客放下稳重成熟的个人形象，发表一次情绪激昂的演讲。事实上，一个有感染力的演说者正是一个能够传达和煽动集体情感和思想的人。成功的流行乐队也经常做同样的事情，他们很善于活跃现场气氛。事实上，在古典神话戏剧中，这种引导外部能量场的能力被有意地用来创造气氛——演员在表演中模仿神的形象，穿着神的服装，讲着神的语言，借此来呈现神的原型能量，这样往往会产生巨大的戏剧感染力。

我们的情绪总是与其他类似的情绪联系在一起。当你在生活中像入戏一般时，实际上就是集体情绪借由你的管道在进行宣泄。

为了避免充当集体情绪的宣泄管道，你最好保持自我意识的独立。当你被自己的情绪淹没时，要做到这点是很难的。但仅仅知道这种能量的存在也算是一个好的开始，有利于接下来对自我意识的控制。最现实的做法是当你发泄完极端情绪后反思一下自己，评估自己的状态到底如何，然后下一次先尝试控制一部分情绪，由此慢慢提升自控力。

你也会明白你的个人行为有多重要，因为你的情绪和想法不只是影响你自己和你最亲近的人，它们也会影响每个人。同样，你的自我控制和转变对每个人都大有好处。

4　对内在自我敞开心扉

抑郁、嫉妒、幸福、感动、幽默等情绪是很容易被我们注意和感觉到的，它们也可以轻而易举地影响我们的身心状态。例如，愤怒、窘迫和嫉妒会使人的胃部感到刺痛；欲望和爱慕让身体感到紧张；思绪和想法在头脑中旋转，有时会造成头痛。

而与痛苦常常让人刻骨铭心不同，美好的体验总是容易被忽视。事实上，当我们经历人生当中的美好时，我们通常都是随便说说，然后继续做别的事情。比如，当我们看到了美丽的日落，或者感受到风景的奇绝，但我们只会短暂驻足，然后继续前进，就好像什么都没有发生一样。我们在性、艺术、舞蹈或关爱当中体会到人性本来的美好，然后继续往前走，将它们遗忘。

我经常使用的一个比喻是，外在性格的能量就像水，而内在自我的能量就像漂浮在水面上的羽毛。为了更充分地感受到内在自我，水必须清浅或有水流让羽毛流动起来。

如果你真的想做为自我和集体服务的能量工作，你就要积极主动地让宇宙善的能量进入你的内在自我。只有这样，你才能获得充沛的精力，在过着正常、踏实、完整的生活的同时，尽可能多地给他人带来祝福。当你的外在自我与内在自我相连时，你要保持你拥有的独立自我意识和感觉。我以性爱为例来进行说明，因为大多数人都对这个话题感兴趣。

一对夫妻在做爱时会产生爱和美妙的感觉，此时停止身体运动并充分去感受这种美丽的能量是令人非常愉快的，同时还能让更多的美好能量辐射出去。如果只是不停地做爱而不懂得停下来去感受，那就会错失这种奇妙的密宗能量体验。

再举另一个例子。如果你深深地被日落或某个风景所感动，那就不应该走马观花。你可以停下来，花一些时间来调整呼吸，感受在气场中停留的美好能量。

还有一个例子。很多人在照顾别人的时候，有时会体验到一种真正的超脱世俗的爱。当你有这种感受时，最好让意识集中于此，体会那种祝福的力量。

我们需要更加专注，仔细倾听，接受和吸纳我们内在的智慧和爱的能量场。在你感觉到与内在自我相连的神奇时刻，你要停下来，全神贯注地感受。你看到过美丽的瞬间，却让它悄悄溜走，不留下任何气息，也没有让美好的感觉融入内在自我，没有让灵魂的羽毛融入你个性的水中。你被一些神圣的东西所触动，但可惜的是，你关闭了自己的心扉，而不是敞开胸怀。

你必须多留意生活当中的美好，并将其与内在自我的美好振动波相连。让自己慢下来，感受这些美好的能量，让它们充分融入你的身心，并让你成为传播这种美好能量的管道。

在有关祝福的技巧中，我们学会了如何轻松地调整好情绪，打开我们与宇宙之美的连接，以便更好地传递祝福。在这里，我鼓励你扩展关于祝福的观念。与其为了祝福某个特定的对象、人或情境而开启连接，不如考虑将这种连接作为一种日常的修炼。这可以成为一种生活方式。

5 你真的可以帮助别人减轻痛苦吗？

有一个问题：我们真的可以通过做能量工作来减轻别人的痛苦吗？神秘主义者和宗教哲学家对此有不少争论。可是源于内心的答案只有一个：我们必须始终尽我们所能去减少痛苦。

然而，一些愤世嫉俗者可能会说，我们每个人都有自己的宿命，甚至会无情地认为，对于在大屠杀中惨死的犹太人或是落后国家垂死的儿童来说，这是他们命该如此，毫无办法。

但这不等于否认每一个人都是集体的一部分，人类是作为一个整体而存在的。我们已经讨论了漂浮在地球气场当中的集体情感和思想，我们作为集体当中的个体，既影响集体，也被集体影响。

不管每个人的具体命运如何，总会或多或少地受到时代大势的影响。事实上，个人往往是群体性事件的受害者，比如个人往往无法躲避世界大战，个人往往无法逃脱饥荒或地震等自然力量。或许个别人足够幸运地逃过一劫，但大多数人都会受到集体的影响。例如，女性在夜晚的城市街道上独行往往会感到恐惧，那是因为过去发生的那些伤害性事件长年累月堆积出来的负面能量影响到个人情绪。再比如，当一个人深陷种族主义和地域歧视情绪的集体狂热当中，他也容易受到感染而做出愚蠢可怕的事情。

我们必须明白，个人生活往往是集体生活的一部分，对这个现实的认同和理解意味着，我们非常有必要去帮助他人减轻痛苦。但是对于何时以及如何去帮助他人，我们有明确的指导方针。

6　如何去帮助他人

当你想通过做能量工作去帮助他人时，有两条建议：第一，先做好自己的事情，除非别人请求你帮助，否则不要贸然行动；第二，如果你真的介入，那么你必须确保你的外在性格与内在自我是完全一致的，并且你在工作的时候是完全放松的。

人们有时不明白，为什么他们学会了如何祝福或净化能量，却不能随时随地去做这些工作。答案显而易见，因为每个人都有特殊的需求，你的帮助不见得就是别人想要的，而且除非你有突出的智慧，否则你可能适得其反。我曾经遇到过一个完全陌生的人走到我面前，没有任何提醒，就把手伸进我的能量场，赐予我祝福。此时，我觉得被攻击了，而不是被祝福，所以我阻止了他的下一个动作。这一类人通常并没有真正做好帮助别人的准备，他们往往自身的能量并不充足，而且心不在焉，也没有做到心平气和。与其说他们是想帮助他人，不如说他们是想给外人留下自己乐于助人的伟大形象。

即使他们真的是想施以祝福，但他们怎么知道这种祝福就对我一定有帮助？所以，除非被邀请，不要去祝福某人。

还有一个非常实际的问题，即你所祝福的人是否处于脆弱的身体状态，例如心脏或神经比较衰弱，此时，外部能量的突然涌入可能是非常危险的。祝福总是带着能量，通过双手施加的祝福往往能量更大。所以，祝福生病的人要非常谨慎。我特别提到一点，我不想我的学生做出这种愚蠢危险的事。

然而，有一种形式的帮助是绝对安全的——你可以把爱和善的能量传递给任何人和任何情境，只要你怀着平静和谐的心态去做这件事就不会有问题。但一旦你无法保持内心的平静，就有可能将一些个人化的情绪掺杂到能量当中，这会严重影响效果。

回到此前的练习：你与大地保持相连，保持平缓放松的呼吸，内心安静祥和，注意力集中，就可以确保你维持能量的纯洁。

人们经常情不自禁地去做能量工作，但用的方法却不恰当。我举两个例子，当一个亲密的朋友或亲戚生病时，我们常常感到不安，想给生病的朋友送去治愈的祝福；我们也会为世界上的大规模战乱感到不安，因此我们想发出和平的祝福来阻止战争，这种心态当然可以理解。

然而，问题在于，我们可能只是在发送属于自己的情感能量。也就是说，虽然我们的初衷是希望他人健康平安，希望世界变得更好，但在潜意识当中，我们则是希望自己遇到困境时感觉更好。一旦心有私念，就可能把自己个人的忧虑情绪混入到祝福之中，这反而会使情况恶化。

事实上，你那位生病的朋友可能需要通过疾病来接受一次教训，而我们的担心只会使事情更糟。我们或许认为这是一种很有用的祝福，但实际上可能只是在做无用功。

向战乱地区传播和平的能量也无济于事。因为所谓"和平"可能是另一种形式的抱怨，只会使冲突恶化。也许这个地方根本就不需要强加的和平能量，也许它需要放松、理解或释放——因为它可能真正需要破旧迎新，哪怕要付出战争的代价。

所以，我们最好还是继续对自己祈祷，继续做一些实际的工作，比如提供援助救济。

西藏有句俗语："内心和平，普世和平。"如果你对别人康复或停止战争的渴望纯粹是基于你自己的情绪反应，那么你就很难散发出有用的能量。因此，在你做任何能量工作来祝福人或事之前，进入一个内心真正平静的个人状态是非常重要的。

如果你真的拥有平和的心境和强大的爱，那绝对是好事。这是你的内在自我的能量，也是仁慈宇宙的能量。这种能量由内到外散发，构成你的表里如一的强大能量场。当你想给朋友送去一份治愈的祝福时，要保持绝对平静，想想你朋友的内在自我，将能量从你的内在自我出发，把爱和祝福传递到他们的内在自我。对待其他的情况也可以遵循此种方法，这非常有效。

练习方法

要远距离祝福某人和某事，首先要做好准备工作。

让身体与大地相连并进行能量交换，保持平静的呼吸，让你的内在自我与宇宙仁慈的能量场相连。在这温暖的氛围中，你可以花一段时间来思考这个遭遇困境的人或地区。"培养一个爱的环境"是对此类活动的最好描述。不带任何欲望或强烈的情感，让意识变得澄澈，只感觉到温柔的光芒。

这是一种温和明亮的能量，有益无害。它不会去强行结束冲突，而是创造一个更为融洽的氛围，在这种氛围中，火热的脾气更容易冷却，骄傲的人更容易变得谦和，这种温和的氛围也不会对生病或有麻烦的人造成伤害。它只是帮助内在自我呈现其本性，实现自愈。

在我授课时，有父母经常询问如何帮助他们的孩子并给他们提供能量，这个问题同样适用以上的规则。我们不要轻易去替他人做判断，而应该围绕激发内在自我能量这个本质来开展工作。

第九章

你可以做出改变

你只需要从家里和工作中的小事情开始，一步步地做起

1 这不再是秘密

这本书的目的是让你学会容易理解并能付诸实践的练习方法。没有理由让这些知识隐藏在神秘的光环之下，也不必为了学习这些内在技能而加入某个秘密组织。

事实上，这些知识变得如此开放，更容易接触，这是一个很大的变化。历史上，这些技术曾经是秘密，不久前甚至还有人因为对这些主题感兴趣而被烧死。我记得一位基督教牧师有些自得地告诉我，如果我和他的信众分享我的这些想法，他们会很快把我从讲坛上揪出来，烧死。即使在今天，在一个盛行激进主义的宗教社会当中讨论能量技术也是不安全的。

但是世界已经改变了，而且还在改变。无论这是人类进化的结果，还是宇宙计划的一部分，或者仅仅是历史机遇，过去的秘密信息现在都公开了。通过现代科学和新兴的心理学，我们已经领略到亚原子生命的神秘美，以及意识和物质的关联性。宇宙中的一切都是由能量构成的，我们的意识也是其中的一部分，这是一种新的世界观，它积极洞察到人类心灵的深度、复杂性和能量的存在。

我们所有人，都是能量和意识的存在。

这并非浪漫、怪异或神秘的说法。这是一个简单的事实。

2　历史性的变革

作为能量和意识的存在，我们经历着许多不同的情绪和心理状态，我们可以随意改变这些情绪，改变我们对周围气场的影响。我们绝对不是任由宇宙能量摆布的弱者，而是共同创造能量的行动者，能够在物质上和精神上影响一切。作为创造者，我们可以行善，也可以作恶。

利用物质和能量行善或作恶的能力在过去让许多人担心，这是可以理解的。为什么这些"神秘"的知识——关于能量和意识的内在世界如何运作——被严格保密。因为教授这门学问的老师不相信大多数人会有道德自律，害怕这些知识被用来干坏事。

还有一种担心是因为害怕人们出于私利而使用能量技巧，我相信这种担忧也有一定的道理。然而，不管我们喜欢与否，这些曾经被小心保护的知识现在已成为公共财产。在倡导公开教授能量技巧的浪潮之中，我只是一个小小的呼应者。回顾远去，我教授这方面的知识纯属偶然，我只是本能地回应人们想要学习知识的需求。我甚至没有想过要保密或者谨慎从事，只是顺其自然。

令我感到兴奋的是，我们对能量和能量工作的认识的戏剧性转变与人类社会的另外两个深刻变化同时发生。

第一个深刻的变化是，除了对能量和意识有了全新理解，我们还首次拥有一个由全球电信网络所构建起来的地球村——电视、卫星、互联网已经将整个地球联网，我们不再是彼此分开的群落，而是一个有着广泛联系的地球村。

第二个深刻的变化是，我们目前正在经历一场涉及所有人和事的全球危机。对于目前过着舒适生活的一些人来说，他们可能会忽视这场危机，但很明显，每天都有成千上万的儿童死于饥饿，贫穷国家的债务可能导致世界经济体系的崩溃，城市暴力和生态危机、环境污染四处蔓延。这些危机是全球性的，它们会影响我们所有人。

让我再次把上述观点梳理一下，这样就完全清楚了。我们正在遭遇如下情况：

• 对意识和能量工作的全新认识；

• 由卫星网络构建的地球村及全球性文化；

• 影响我们所有人的全球性危机。

3 除了提供帮助，我们别无选择

如果我们了解全球性危机，又了解如何做能量工作，那么我们别无选择，只能去救助这个世界。在我看来，这就是我们学到过的知识：找到问题，解决问题，继续前进。

由于全球电信网络的连接，我们意识到全球性的危机。由于了解能量世界的运行法则，我们明白这场危机会影响每个人。因此，我们应该做点什么！面对如此巨大的难题，大多数人可能都感到无能为力，但通过做能量工作，我们仍然可以提供帮助。当然，我们首先必须控制自己的轻率行为，不做任何增加经济负担、环境污染或社会不公的事情，然后可以利用我们的意识和能力来转移能量和气场。

破坏性行为始于人们的心灵。因此，无论我们做什么，都要围绕提升集体心灵的正面能量来展开，要考虑人类的整体利益。

我们必须记住，万事万物的能量是相互联系的，不可分离，所有具有相似振动波和气质的物体都会产生共鸣。

人类几千年来产生的情感和精神能量，累积成巨大的气场，影响着我们所有人，并受到我们所有人的影响。例如，战争永远不会完全结束，除非冲突和民族主义的能量云团消散和转变；饥饿的孩子永远难知温饱，除非我们学会以慷慨和体贴的方式分享所得。

负面能量会四处扩散，但美与爱也一样。每一个带有爱和美的行为，都能造福整体。每一次净化和祝福，对所有的事都有其小小的益处。一个小的能量方面的善举，足以影响万里之外的局势。

社会活动家经常批评在修道院和寺庙里生活的男女。热衷于政治的人通常很少有时间在山洞里隐居和冥想，他们忽略了这些修行者所起到的积极作用。这些修行者专注于祈祷和冥想，形成强大的正面振动波，向四方传递着巨大的爱和祝福的能量。僧侣们每天花费数小时进行一项传统修炼，那就是吸纳负面能量，散发祝福，造福苍生。

每一个慷慨的小举动，每一个小小的祝福，每一次能量转化，都会对整个世界有所帮助。只需要保持与大地紧密相连，集中注意力就能做到这一点。这样不仅会散发出平静安详的气息，也能帮助其他人感觉到内在自我的能量。

没有人可以要求你改变你的整个生活来从事能量工作，成为一个放弃所有的圣人。你只需要从家里和工作中的小事情开始，一步步地做起。有时我认为我们只要对街上的陌生人微笑，给孩子们耐心呵护和关爱，也算是功德无量，足以温暖整个世界。

4　结束和开始

　　一个健康的世界不能缺少有正能量和心地善良的人。不管你是清洁工还是国际大公司总裁，你对于这个世界的真正贡献取决于你所表现出来的人生态度和所拥有的能量场。

　　保持与大地的紧密联系，心态平和，就能够临危不乱，你会变得更加快乐和自在，同时成为周围人的榜样。

　　这本书实际上讲了很多东西。开始是讲述一些关于个人能量的处理技巧，比如与大地的能量交换和个人心灵的保护；接着教授了一些关于净化和祝福的技巧；然后教你如何与你的内在自我和爱与美的宇宙能量场建立连接；最后我告诉你，你的态度和行为是如何影响整个世界的。

　　从这个角度来看，这本书涉及的内容面很广，显得雄心勃勃，甚至可以说带有一点浪漫主义色彩，比如我提到个人可以改变世界的想法。但从另一个角度来看，这本书则是简单而纯粹的，它只是告诉我们该如何过上更美好的生活，从能量观点出发，更好地理解这个世界。

我鼓励你们开始这项能量工作，因为它将服务于你们，并将服务于所有人。

练习方法

舒服地坐着，与大地保持紧密相连，感受自己呼吸的节奏。让自己慢下来，一直等到完全平静下来，绽放出发自内心的微笑，心情愉快。你感受到脚下地球的能量环绕着你，让你感到安全和踏实。身心合一，呼吸平静而有规律，感受到放松、强大和专注。

保持这种舒适的状态，然后将意识向外扩展，慢慢去感受这个世界上存在的痛苦。在这个过程中，特定的人或事可能会吸引你的注意力，不要分心。用你发自内心的同情回应这些痛苦，觉察人类的现实存在。不要逃避这些痛苦，但要保持定力。

与此同时，你开始感觉到巨大的能量流穿过地球的气场，穿过你自身的气场，地球的能量也进入你的体内。宇宙的能量通过你的头顶向下流动，太阳的能量则水平地射向你的腹部。

你想起你爱的人的形象，想到那些你和神圣相连的时刻，你会感受到生命的美妙。

这世上的确存在痛苦和悲惨，但也同样充满了欢乐和力量。

让自己小心翼翼地吸入一小部分疼痛，然后呼出一种富含爱和同情的祝福：我吸入负面能量，散发祝福的正面能量。

在吸纳痛苦的时候要意志坚定。一旦出现情绪崩溃的迹象，就要将你的注意力集中到地球和宇宙强大的爱上。吸入负能量，散发祝福的正能量，持续一两分钟。

你与地球和宇宙的巨大能量场相连。你的灵魂，你的内在自我，都与这个能量场相连，并通过你向外辐射。你的整个身心都能舒适地感受到这股来自你的祝福之光。你自己接受祝福能量的滋养，同时将它传播到需要它的地方。

做一会儿这个练习，然后停下来。

你继续静静地坐着。你无欲无求，心绪十分安宁，大脑一片空明，观想宇宙的存在。过了一会儿，你自然会觉得可以结束了。

在你起身之前，你要体察自己的感受。你是否继续保持着与大地的能量连接？你是否觉得自己受到负面能量的侵扰？如果是，你可以简单地设置一道屏障来保护你自己，就像夜晚的花朵收起花瓣，或者建立一个保护自己的气泡、火焰或者盾牌。

你感到意志坚定，和大地保持着很好的能量连接，你有清醒的意识来面对所发生的一切。

保持心境的平和，继续能量练习，享受能量工作带来的好处，提升生活质量。

拓展阅读

　　如果你想要了解另一个关于自我保护和自我净化的观点，那么这里有一本经典之作，它既传统又值得一看：Dion Fortune's *Psychic Self-Defence(*Aquarian Books).

　　如果你在人际关系中遇到了特殊的困难，推荐阅读：Phyllis Krystal's *Cutting the Ties that Bind* (Samuel Weiser) .

　　如果想要为安全、健康和信心打下坚实的基础，推荐阅读：*The Endorphin Effect* (Piatkus) .

　　如果想要更加正确地处理日常生活危机，掌握应对危险的绝佳方法，重点推荐阅读：*Feeling Safe*(Piatkus).

威廉姆·布鲁姆（William Bloom）的网站资源

更多信息：www.williambloom.com

7 天微笑行动

　　7 天是养成习惯的最短周期，每天睡前给自己一个微笑，保持良好的心态入眠。

　　看看这 7 天里有几天，你是快乐的。

　　希望你每天都能收集一个哦！

月份　星期	周一	周二	周三	周四	周五	周六	周日